U0265166

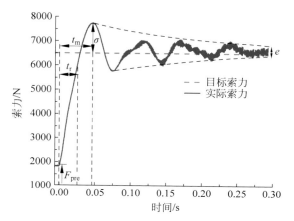

图 2.4 静态索力传递特性的相关指标说明

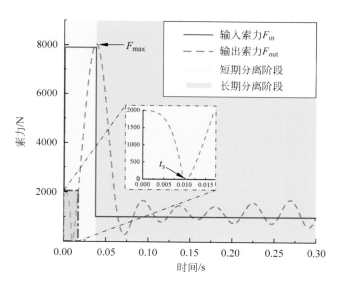

图 3.5 高速动态索力传递特性的指标说明

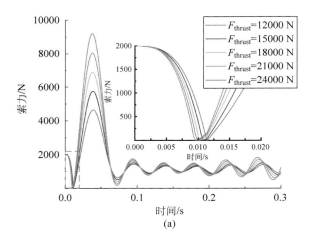

(a)

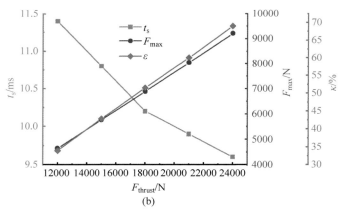

(b)

图 3.6　火工品推力对动态索力传递特性的影响

（a）不同火工品推力下的索力曲线；（b）动态索力传递特性的指标

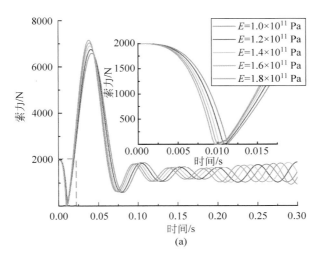

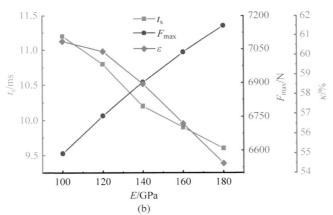

图 3.7　杨氏模量对动态索力传递特性的影响

（a）不同杨氏模量下的索力曲线；（b）动态索力传递特性的指标

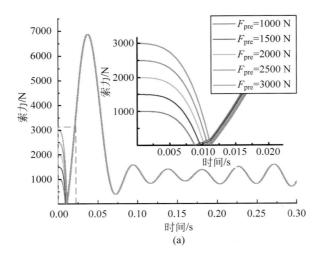

(a)

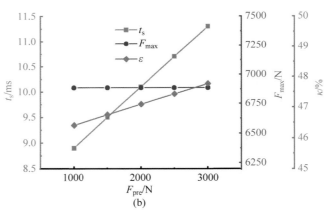

(b)

图 3.8　预紧力对动态索力传递特性的影响

（a）不同预紧力下的索力曲线；（b）动态索力传递特性的指标

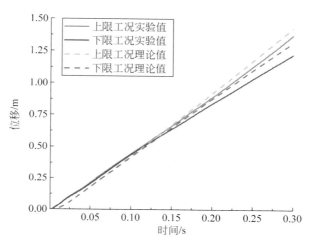

图 3.12　不同工况下的位移曲线

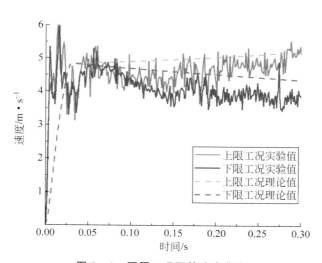

图 3.13　不同工况下的速度曲线

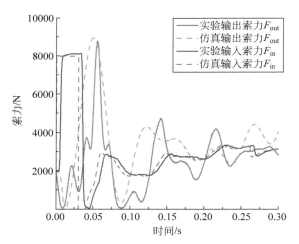

图 3.14　上限工况输入与输出索力对比

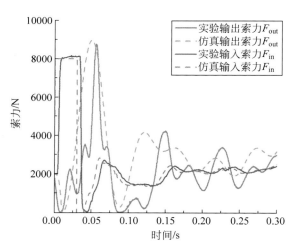

图 3.15　下限工况输入与输出索力对比

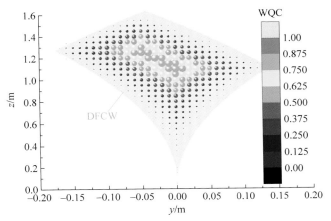

图 4.11 扰动力工作空间及工作空间质量系数

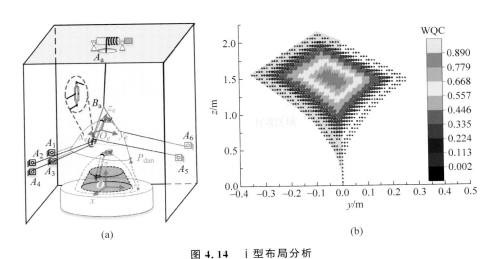

| (a) | (b) |

图 4.14 i 型布局分析

（a）i 型布局示意图；（b）扰动力可控工作空间及质量系数

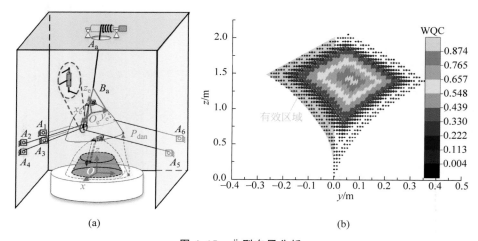

图 4.15　ⅱ 型布局分析

（a）ⅱ 型布局示意图；（b）扰动力可控工作空间及质量系数

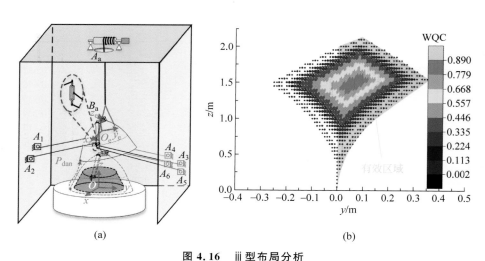

图 4.16　ⅲ 型布局分析

（a）ⅲ 型布局示意图；（b）扰动力可控工作空间及质量系数

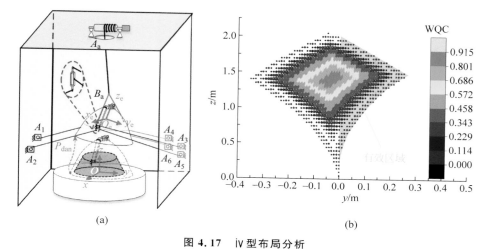

图 4.17 iV 型布局分析

（a）iV 型布局示意图；（b）扰动力可控工作空间及质量系数

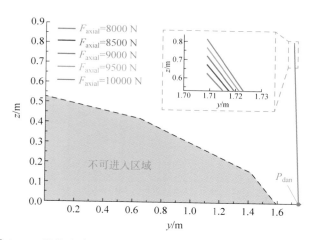

图 4.18 防热大底分离过程中危险点轨迹随轴向力的变化曲线

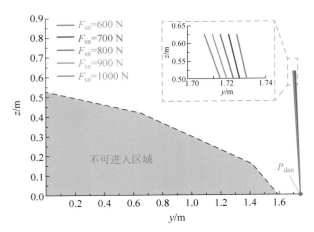

图 4.19　防热大底分离过程中危险点轨迹随法向扰动力的变化曲线

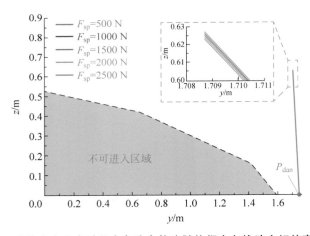

图 4.20　防热大底分离过程中危险点轨迹随俯仰方向扰动力矩的变化曲线

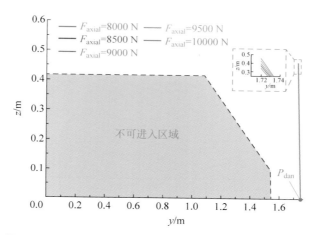

图 4.21　背罩分离过程中危险点轨迹随轴向力的变化曲线

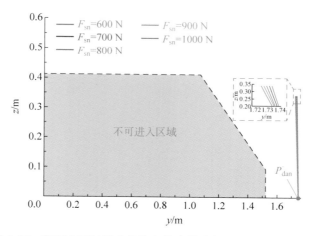

图 4.22　背罩分离过程中危险点轨迹随法向扰动力的变化曲线

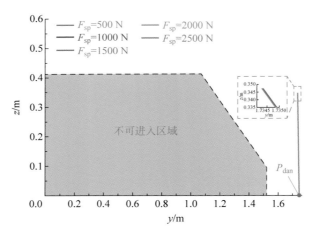

图 4.23 背罩分离过程中危险点轨迹随俯仰方向扰动力矩的变化曲线

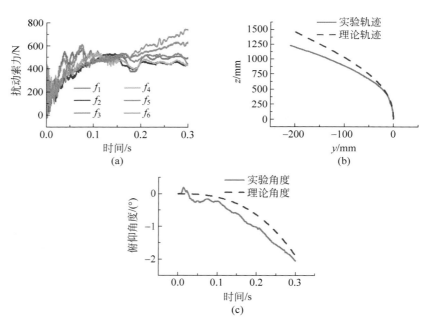

图 5.17 防热大底模拟件上限工况实验数据

(a) 扰动力；(b) 质心轨迹；(c) 俯仰角度

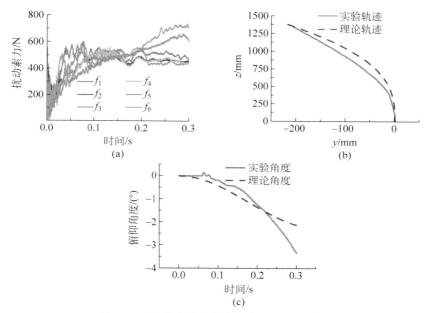

图 5.18　防热大底模拟件标称工况实验数据

（a）扰动力；（b）质心轨迹；（c）俯仰角度

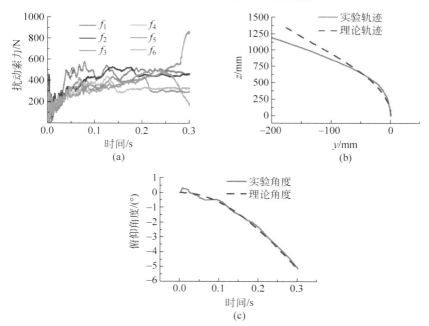

图 5.19　防热大底模拟件下限工况实验数据

（a）扰动力；（b）质心轨迹；（c）俯仰角度

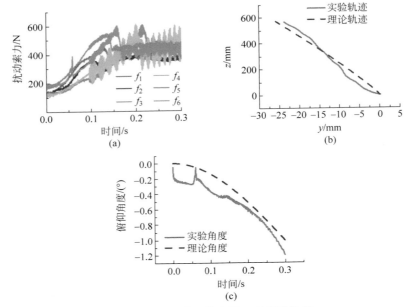

图 5.23　背罩模拟件上限工况实验数据
（a）扰动力；（b）质心轨迹；（c）俯仰角度

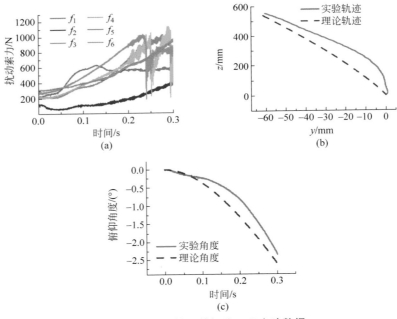

图 5.24　背罩模拟件标称工况实验数据
（a）扰动力；（b）质心轨迹；（c）俯仰角度

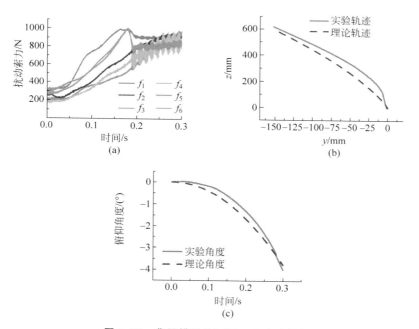

图 5.25　背罩模拟件下限工况实验数据

（a）扰动力；（b）质心轨迹；（c）俯仰角度

清华大学优秀博士学位论文丛书

面向航天器分离的索驱动机器人力传递及扰动力特性研究

侯森浩（Hou Senhao）著

Force Transmission and Disturbing Force
Characteristics of Cable-Driven Robot
for Spacecraft Separation

清華大学出版社
北 京

内 容 简 介

本书围绕火星探测器在着陆过程中防热大底和背罩分离的关键技术,采用索驱动机器人进行地面模拟实验,详细介绍了索驱动机器人的构建、理论研究和实验验证过程,包括绳缆的静态与动态索力传递特性,以及扰动力的施加策略。通过数值计算和有限元法,探讨了多种因素对索力传递特性的影响,并通过实验验证了理论模型的有效性。此外,本书设计了扰动力施加单元,并优化了其数量和位置布局,通过仿真和实验方法确保了模拟实验的准确性和可靠性。最后,对火星探测任务的真实件进行了最终验证,实验结果满足技术指标需求。

本书可供从事绳索驱动和航天测试的研究人员参考。

图书在版编目(CIP)数据

面向航天器分离的索驱动机器人力传递及扰动力特性
研究 / 侯森浩著. -- 北京:清华大学出版社,2024. 12.
(清华大学优秀博士学位论文丛书). -- ISBN 978-7-302
-67725-3

Ⅰ. V416.7

中国国家版本馆 CIP 数据核字第 202478YS43 号

责任编辑:戚 亚
封面设计:傅瑞学
责任校对:王淑云
责任印制:宋 林

出版发行:清华大学出版社
　　　　网　　址:https://www.tup.com.cn,https://www.wqxuetang.com
　　　　地　　址:北京清华大学学研大厦 A 座　　邮　　编:100084
　　　　社 总 机:010-83470000　　　　　　　　邮　　购:010-62786544
　　　　投稿与读者服务:010-62776969,c-service@tup.tsinghua.edu.cn
　　　　质量反馈:010-62772015,zhiliang@tup.tsinghua.edu.cn
印 装 者:三河市东方印刷有限公司
经　 销:全国新华书店
开　 本:155mm×235mm　　印　张:9.5　　插　页:8　　字　　数:176 千字
版　 次:2024 年 12 月第 1 版　　　　　　印　次:2024 年 12 月第 1 次印刷
定　 价:79.00 元

产品编号:097349-01

一流博士生教育
体现一流大学人才培养的高度（代丛书序）①

人才培养是大学的根本任务。只有培养出一流人才的高校，才能够成为世界一流大学。本科教育是培养一流人才最重要的基础，是一流大学的底色，体现了学校的传统和特色。博士生教育是学历教育的最高层次，体现出一所大学人才培养的高度，代表着一个国家的人才培养水平。清华大学正在全面推进综合改革，深化教育教学改革，探索建立完善的博士生选拔培养机制，不断提升博士生培养质量。

学术精神的培养是博士生教育的根本

学术精神是大学精神的重要组成部分，是学者与学术群体在学术活动中坚守的价值准则。大学对学术精神的追求，反映了一所大学对学术的重视、对真理的热爱和对功利性目标的摒弃。博士生教育要培养有志于追求学术的人，其根本在于学术精神的培养。

无论古今中外，博士这一称号都和学问、学术紧密联系在一起，和知识探索密切相关。我国的博士一词起源于2000多年前的战国时期，是一种学官名。博士任职者负责保管文献档案、编撰著述，须知识渊博并负有传授学问的职责。东汉学者应劭在《汉官仪》中写道："博者，通博古今；士者，辩于然否。"后来，人们逐渐把精通某种职业的专门人才称为博士。博士作为一种学位，最早产生于12世纪，最初它是加入教师行会的一种资格证书。19世纪初，德国柏林大学成立，其哲学院取代了以往神学院在大学中的地位，在大学发展的历史上首次产生了由哲学院授予的哲学博士学位，并赋予了哲学博士深层次的教育内涵，即推崇学术自由、创造新知识。哲学博士的设立标志着现代博士生教育的开端，博士则被定义为独立从事学术研究、具备创造新知识能力的人，是学术精神的传承者和光大者。

① 本文首发于《光明日报》，2017年12月5日。

　　博士生学习期间是培养学术精神最重要的阶段。博士生需要接受严谨的学术训练，开展深入的学术研究，并通过发表学术论文、参与学术活动及博士论文答辩等环节，证明自身的学术能力。更重要的是，博士生要培养学术志趣，把对学术的热爱融入生命之中，把捍卫真理作为毕生的追求。博士生更要学会如何面对干扰和诱惑，远离功利，保持安静、从容的心态。学术精神，特别是其中所蕴含的科学理性精神、学术奉献精神，不仅对博士生未来的学术事业至关重要，对博士生一生的发展都大有裨益。

独创性和批判性思维是博士生最重要的素质

　　博士生需要具备很多素质，包括逻辑推理、言语表达、沟通协作等，但是最重要的素质是独创性和批判性思维。

　　学术重视传承，但更看重突破和创新。博士生作为学术事业的后备力量，要立志于追求独创性。独创意味着独立和创造，没有独立精神，往往很难产生创造性的成果。1929 年 6 月 3 日，在清华大学国学院导师王国维逝世二周年之际，国学院师生为纪念这位杰出的学者，募款修造"海宁王静安先生纪念碑"，同为国学院导师的陈寅恪先生撰写了碑铭，其中写道："先生之著述，或有时而不章；先生之学说，或有时而可商；惟此独立之精神，自由之思想，历千万祀，与天壤而同久，共三光而永光。"这是对于一位学者的极高评价。中国著名的史学家、文学家司马迁所讲的"究天人之际，通古今之变，成一家之言"也是强调要在古今贯通中形成自己独立的见解，并努力达到新的高度。博士生应该以"独立之精神、自由之思想"来要求自己，不断创造新的学术成果。

　　诺贝尔物理学奖获得者杨振宁先生曾在 20 世纪 80 年代初对到访纽约州立大学石溪分校的 90 多名中国学生、学者提出："独创性是科学工作者最重要的素质。"杨先生主张做研究的人一定要有独创的精神、独到的见解和独立研究的能力。在科技如此发达的今天，学术上的独创性变得越来越难，也愈加珍贵和重要。博士生要树立敢为天下先的志向，在独创性上下功夫，勇于挑战最前沿的科学问题。

　　批判性思维是一种遵循逻辑规则、不断质疑和反省的思维方式，具有批判性思维的人勇于挑战自己，敢于挑战权威。批判性思维的缺乏往往被认为是中国学生特有的弱项，也是我们在博士生培养方面存在的一个普遍问题。2001 年，美国卡内基基金会开展了一项"卡内基博士生教育创新计划"，针对博士生教育进行调研，并发布了研究报告。该报告指出：在美国和欧洲,培养学生保持批判而质疑的眼光看待自己、同行和导师的观点同样非常不容易,批判性思维的培养必须成为博士生培养项目的组成部分。

对于博士生而言,批判性思维的养成要从如何面对权威开始。为了鼓励学生质疑学术权威、挑战现有学术范式,培养学生的挑战精神和创新能力,清华大学在 2013 年发起"巅峰对话",由学生自主邀请各学科领域具有国际影响力的学术大师与清华学生同台对话。该活动迄今已经举办了 21期,先后邀请 17 位诺贝尔奖、3 位图灵奖、1 位菲尔兹奖获得者参与对话。诺贝尔化学奖得主巴里・夏普莱斯(Barry Sharpless)在 2013 年 11 月来清华参加"巅峰对话"时,对于清华学生的质疑精神印象深刻。他在接受媒体采访时谈道:"清华的学生无所畏惧,请原谅我的措辞,但他们真的很有胆量。"这是我听到的对清华学生的最高评价,博士生就应该具备这样的勇气和能力。培养批判性思维更难的一层是要有勇气不断否定自己,有一种不断超越自己的精神。爱因斯坦说:"在真理的认识方面,任何以权威自居的人,必将在上帝的嬉笑中垮台。"这句名言应该成为每一位从事学术研究的博士生的箴言。

提高博士生培养质量有赖于构建全方位的博士生教育体系

一流的博士生教育要有一流的教育理念,需要构建全方位的教育体系,把教育理念落实到博士生培养的各个环节中。

在博士生选拔方面,不能简单按考分录取,而是要侧重评价学术志趣和创新潜力。知识结构固然重要,但学术志趣和创新潜力更关键,考分不能完全反映学生的学术潜质。清华大学在经过多年试点探索的基础上,于 2016年开始全面实行博士生招生"申请-审核"制,从原来的按照考试分数招收博士生,转变为按科研创新能力、专业学术潜质招收,并给予院系、学科、导师更大的自主权。《清华大学"申请-审核"制实施办法》明晰了导师和院系在考核、遴选和推荐上的权力和职责,同时确定了规范的流程及监管要求。

在博士生指导教师资格确认方面,不能论资排辈,要更看重教师的学术活力及研究工作的前沿性。博士生教育质量的提升关键在于教师,要让更多、更优秀的教师参与到博士生教育中来。清华大学从 2009 年开始探索将博士生导师评定权下放到各学位评定分委员会,允许评聘一部分优秀副教授担任博士生导师。近年来,学校在推进教师人事制度改革过程中,明确教研系列助理教授可以独立指导博士生,让富有创造活力的青年教师指导优秀的青年学生,师生相互促进、共同成长。

在促进博士生交流方面，要努力突破学科领域的界限，注重搭建跨学科的平台。跨学科交流是激发博士生学术创造力的重要途径，博士生要努力提升在交叉学科领域开展科研工作的能力。清华大学于2014年创办了"微沙龙"平台，同学们可以通过微信平台随时发布学术话题，寻觅学术伙伴。3年来，博士生参与和发起"微沙龙"12 000多场，参与博士生达38 000多人次。"微沙龙"促进了不同学科学生之间的思想碰撞，激发了同学们的学术志趣。清华于2002年创办了博士生论坛，论坛由同学自己组织，师生共同参与。博士生论坛持续举办了500期，开展了18 000多场学术报告，切实起到了师生互动、教学相长、学科交融、促进交流的作用。学校积极资助博士生到世界一流大学开展交流与合作研究，超过60％的博士生有海外访学经历。清华于2011年设立了发展中国家博士生项目，鼓励学生到发展中国家亲身体验和调研，在全球化背景下研究发展中国家的各类问题。

在博士学位评定方面，权力要进一步下放，学术判断应该由各领域的学者来负责。院系二级学术单位应该在评定博士论文水平上拥有更多的权力，也应担负更多的责任。清华大学从2015年开始把学位论文的评审职责授权给各学位评定分委员会，学位论文质量和学位评审过程主要由各学位分委员会进行把关，校学位委员会负责学位管理整体工作，负责制度建设和争议事项处理。

全面提高人才培养能力是建设世界一流大学的核心。博士生培养质量的提升是大学办学质量提升的重要标志。我们要高度重视、充分发挥博士生教育的战略性、引领性作用，面向世界、勇于进取，树立自信、保持特色，不断推动一流大学的人才培养迈向新的高度。

清华大学校长
2017 年 12 月

丛书序二

以学术型人才培养为主的博士生教育,肩负着培养具有国际竞争力的高层次学术创新人才的重任,是国家发展战略的重要组成部分,是清华大学人才培养的重中之重。

作为首批设立研究生院的高校,清华大学自 20 世纪 80 年代初开始,立足国家和社会需要,结合校内实际情况,不断推动博士生教育改革。为了提供适宜博士生成长的学术环境,我校一方面不断地营造浓厚的学术氛围,一方面大力推动培养模式创新探索。我校从多年前就已开始运行一系列博士生培养专项基金和特色项目,激励博士生潜心学术、锐意创新,拓宽博士生的国际视野,倡导跨学科研究与交流,不断提升博士生培养质量。

博士生是最具创造力的学术研究新生力量,思维活跃,求真求实。他们在导师的指导下进入本领域研究前沿,汲取本领域最新的研究成果,拓宽人类的认知边界,不断取得创新性成果。这套优秀博士学位论文丛书,不仅是我校博士生研究工作前沿成果的体现,也是我校博士生学术精神传承和光大的体现。

这套丛书的每一篇论文均来自学校新近每年评选的校级优秀博士学位论文。为了鼓励创新,激励优秀的博士生脱颖而出,同时激励导师悉心指导,我校评选校级优秀博士学位论文已有 20 多年。评选出的优秀博士学位论文代表了我校各学科最优秀的博士学位论文的水平。为了传播优秀的博士学位论文成果,更好地推动学术交流与学科建设,促进博士生未来发展和成长,清华大学研究生院与清华大学出版社合作出版这些优秀的博士学位论文。

感谢清华大学出版社,悉心地为每位作者提供专业、细致的写作和出版指导,使这些博士论文以专著方式呈现在读者面前,促进了这些最新的优秀研究成果的快速广泛传播。相信本套丛书的出版可以为国内外各相关领域或交叉领域的在读研究生和科研人员提供有益的参考,为相关学科领域的发展和优秀科研成果的转化起到积极的推动作用。

感谢丛书作者的导师们。这些优秀的博士学位论文，从选题、研究到成文，离不开导师的精心指导。我校优秀的师生导学传统，成就了一项项优秀的研究成果，成就了一大批青年学者，也成就了清华的学术研究。感谢导师们为每篇论文精心撰写序言，帮助读者更好地理解论文。

感谢丛书的作者们。他们优秀的学术成果，连同鲜活的思想、创新的精神、严谨的学风，都为致力于学术研究的后来者树立了榜样。他们本着精益求精的精神，对论文进行了细致的修改完善，使之在具备科学性、前沿性的同时，更具系统性和可读性。

这套丛书涵盖清华众多学科，从论文的选题能够感受到作者们积极参与国家重大战略、社会发展问题、新兴产业创新等的研究热情，能够感受到作者们的国际视野和人文情怀。相信这些年轻作者们勇于承担学术创新重任的社会责任感能够感染和带动越来越多的博士生，将论文书写在祖国的大地上。

祝愿丛书的作者们、读者们和所有从事学术研究的同行们在未来的道路上坚持梦想，百折不挠！在服务国家、奉献社会和造福人类的事业中不断创新，做新时代的引领者。

相信每一位读者在阅读这一本本学术著作的时候，在汲取学术创新成果、享受学术之美的同时，能够将其中所蕴含的科学理性精神和学术奉献精神传播和发扬出去。

清华大学研究生院院长

2018 年 1 月 5 日

导师序言

在当今这个科技高速发展的时代,人类对于宇宙的探索永无止境。特别是在深空探测领域,各国都在不懈努力,试图揭开行星的神秘面纱。中国作为航天大国,其在火星探测任务中的表现尤为令人瞩目。随着科技的进步,火星探测任务所面临的挑战和风险也在不断增加,这就要求我们必须采取更加科学和精确的技术手段来保障任务的成功率。

本书立足于当前深空探测的最前沿,专注于探讨火星探测器在进入、下降与着陆过程中面临的关键技术难题——防热大底和背罩的安全可靠分离。由于火星大气层稀薄,风扰复杂,火星探测器的着陆过程充满不确定性,对分离机制的要求极为严苛。因此,采用地面模拟实验来充分验证各种设计方案和关键技术,对确保着陆成功至关重要。

在这样的背景下,本书提出了采用7索驱动机器人进行地面模拟实验的创新方案。索驱动机器人以其质量轻、惯性小、工作空间大和运动性能优良等特点,成为了解决复杂空间任务的理想选择。本书系统地介绍了基于索驱动机器人的地面模拟实验装置的构建、理论研究及实验验证过程,特别是在静态和动态索力传递特性、扰动力设计和施加策略等方面的深入研究,极大地丰富了火星探测器防热大底和背罩分离的研究成果。此外,本书不仅关注理论与实验的结合,还特别强调了实验验证的重要性。通过在真实件上进行最后的实验验证,确保了理论研究与实际应用的有效对接,进一步提高了研究成果的实用价值和可靠性。

作为导师,我深知这项研究工作的艰巨与挑战。从项目的启动到研究的每一个细节,作者都表现出了极高的专业精神,付出了不懈努力。本书的成功编写,离不开团队成员的辛勤付出和广大同行的支持与帮助。我相信,本书不仅为我国火星探测任务的地面模拟实验提供了宝贵的理论指导和实践借鉴,也为全球的航天工程师、机器人技术研究人员及相关学科的学者提供了一份重要的学术参考资料。

未来火星探测仍是人类探索宇宙的重要领域。我期待本书能激发更多学者的研究兴趣和创新动力,推动深空探测技术的进一步发展。同时,我也期待中国在未来深空探测任务中能够取得更多的成就,为人类的星际探索事业做出更大的贡献。

唐晓强

2024 年 5 月

摘　要

本书以火星探测器着陆过程中的防热大底分离和背罩分离为背景,针对分离过程中面临的不确定风险,采用7索驱动机器人开展地面模拟实验。在构建基于索驱动机器人的地面模拟实验装置后,系统地对绳索的静态索力传递特性、动态索力传递特性、扰动力的设计和施加策略等开展理论研究工作,并对所建理论模型进行了实验验证。

以背罩轴向分离为背景,建立了索驱动机器人基本运动学模型,并基于有限元法和牛顿运动定律推导绳索的动力学模型;利用假设模态法,给出索力传递的表达式;提出用于评价静态索力传递特性的指标定义:静态索力超调量、静态索力响应时间和静态索力平均相对误差。同时,采用数值计算的方法探索了绳索杨氏模量、绳索线密度、预紧力、绳索长度和负载等因素对静态索力传递特性的影响规律,并采用索驱动机器人对所建理论和模型进行实验验证。

以防热大底轴向分离为背景,根据所提出的绳索动力学模型,针对防热大底的短期分离阶段和长期分离阶段,推导相关的边界条件和初值条件;并针对短期分离阶段中可能出现的绳索松弛现象,给出相应的处理方法。提出用于评价高速动态索力传递特性的指标定义:索力松弛时间、索力峰值、动态索力平均相对误差。采用数值计算的方法探索火工品推力、绳索杨氏模量和预紧力等因素对高速动态索力传递的影响规律。采用索驱动机器人对绳索动态索力传递特性的研究内容进行实验验证。

以防热大底和背罩分离过程中扰动力的模拟为背景,设计一种新型扰动力施加单元,提出扰动力可控工作空间的定义,并给出工作空间质量系数的计算方法,用于评价末端执行器到达扰动力可控工作空间边缘的程度,以作为扰动力施加稳定性的性能指标,并对扰动力施加单元的数量和位置布局进行优化分析,最后给出相应的扰动力施加策略。通过仿真计算的方法分析轴向力、扰动力和扰动力矩对末端执行器位置和姿态的影响,通过防热大底和背罩的模拟件对所建模型的正确性和有效性进行实验验证。

　　基于本书所提出的主要理论，以防热大底和背罩的真实件进行最后的实验验证，实验结果满足相关技术指标，为我国火星探测任务的地面模拟实验提供了理论指导和借鉴。

关键词：航天器分离；索驱动机器人；力传递特性；扰动力施加策略

Abstract

In this book, a 7-cable driven robot is used to conduct ground simulation experiments for the uncertain risks during the separation process with the background of heatshield separation and backshell separation in the Mars exploration mission. After constructing the ground simulation experimental equipment based on the cable-driven robot, we systematically carry out theoretical research on the static cable force transmission characteristics, dynamic cable force transmission characteristics, design and application strategy of disturbing forces. Finally, experimental validation of the proposed theoretical model is carried out.

The basic kinematic model of the cable-driven robot is established in the context of axial separation of the backshell. The kinetic model of the cable is derived based on the finite element method and Newton's law of motion. Using the assumed mode method, the expressions for the transmission of the cable force are given. The definition of the indexes used to evaluate the static cable force transmission characteristics: static cable force overshoot, static cable force corresponding time and static cable force average relative error are proposed. The influence of Young's modulus, cable density, pretention, cable length and load on the static cable force transmission characteristics is explored by numerical calculation. The proposed theory and model are experimentally verified by using a cable-driven robot.

In the context of the axial separation of the heatshield, the relevant boundary conditions and initial conditions are derived for the short-term separation and long-term separation of the heatshield according to the proposed cable dynamics model. The treatment method is given for the cable slack phenomenon that may occur in the short-term separation. The definitions of indexes used to evaluate the high-speed dynamic cable force transmission characteristics are proposed: slack time of cable force, peak cable force, and average relative error of dynamic cable force. Numerical calculation method is used to investigate the influence law of thrust, Young's modulus and pretension on high-speed dynamic cable force transmission. Using the cable-driven robot as the research object, the research content of the dynamic cable force transmission characteristics of the cable is verified through experiments.

A novel disturbing force application unit is designed in the context of the simulation of disturbing force during the separation of heatshield and backshell. The definition of the disturbing force controllable workspace is proposed and the calculation method of the workspace quality coefficient is given for evaluating the proximity of the end-effector to the edge of the disturbing force controllable workspace. It depicts the stability of the disturbing force. The number and location layout of the disturbing force application units are optimized and analyzed. Then, the corresponding disturbing force application strategy is given. The effects of axial force, disturbing force, and disturbing moment on the position and orientation of the end-effector are analyzed. Finally, the correctness and effectiveness of the proposed model are experimentally validated.

Based on the main theory proposed in this book, real heatshield and backshell are used to implement experimental verification. The experimental results meet the relevant technical indexes. The contributions in this book provide theoretical guidance and reference for the ground simulation experiments of China's subsequent Mars exploration missions.

Key words: spacecraft separation; cable-driven robot; cable force transmission characteristics; design and implement of disturbing force

目　录

Contents

第1章 绪 论

1.1 研究背景及意义

深空探测指的是摆脱地球引力,进入广袤宇宙空间的探测。它能够提升人类对宇宙的理解,帮助人类探究地球、太阳系及整个宇宙的起源和演变过程,推进天体物理学、空间天文学、量子物理学等领域的研究,同时有助于人类更好地利用和开发地外资源。在深空探测的过程中,还会催生许多高新技术,带动材料、能源、通信等领域的发展。开展深空探测活动,能够提升综合国力和科技实力,激发自主创新能力,推进科技教育的发展,具有关系国家和民族未来的重大战略意义。目前,深空探测的主要活动有探月工程[1-5]、行星探测[6-9]和小行星探测[10-11]等。在太阳系除地球以外的所有行星中,火星轨道与地球较近,更重要的,它是与地球环境最为相似的行星。有研究表明,火星南极存在冰冻水[12],火星探测是人类探究宇宙生命起源的第一步。苏联[13]、美国[14-16]和欧洲航天局[17]都成功发射了探测器进行火星探测。

2016 年 1 月 11 日,中国正式批复首次火星探测任务[20]。图 1.1 为中国的火星探测器"天问一号",这是我国首次开展地外行星的探测工作。它将要一次性完成"绕落巡"3 个任务:①火星探测器的环绕器将围绕火星进行观测,获取火星地貌及大气数据;②火星探测器的着陆舱将软着陆于火星表面;③着陆舱内的火星车将在火星上巡视勘探,获取最直接的数据。2020 年 7 月 23 日,"天问一号"被发射升空。本次任务最具挑战性的是"落"的过程,为了能够安全地着陆于星球表面,几乎所有着陆任务都采用了进入、下降与着陆(entry,decent,and landing,EDL)过程[21-25]。图 1.2 为火星探测器 EDL 过程示意图。火星探测器从巡航阶段进入大气层,以其刚进入大气层的时刻为 0 时刻。大约 80 s 后,探测器经历了大气摩擦加热和峰值减速,为了保证着陆器在大气进入过程中的气动热环境下的安全,需利用防热大底对着陆器进行防护。在此期间,下降惯性测量单元和下降控制系统启动,为下一步的下降阶段进行导航和控制。大约 259 s 后,探测器减速至合适速度,降落伞开始部署。之后的 20 s,探测器减速至期望速度,火工品爆炸产生的推力将防热大底抛离,位于着陆舱内部的着陆雷达、相机等传感器暴露出来,以便在下降过程中采集地形数据,提供着陆方案,为着陆过程做好准备。着陆器利用降落伞将速度从超音速减速至亚音速;大约 376 s 后,着陆器与降落伞和背罩系统分离,进入动力下降阶段;大约 420 s 后,反推火箭点火减速至 0,探测器实现软着陆。虽然我国有地球返回式卫星[26-27]和月球着陆[28]的经验,但火星大气环境和重力等参数与地球不同,月球表面为真空,二者的经验均不适用于火星 EDL 过程。

图 1.1　中国火星探测器"天问一号"[18]及其深空自拍[19]

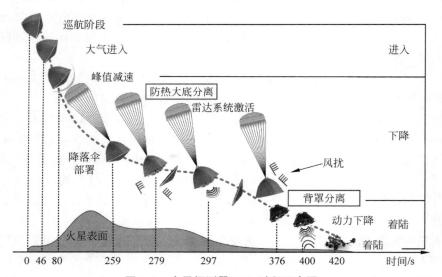

图 1.2　火星探测器 EDL 过程示意图

　　因为火星表面大气密度不到地球的百分之一,空气阻力非常小,整个着陆过程的持续时间仅有大约 7 min,因此只能自主控制,这个时间段被称为"黑色 7 分钟"。其中,开伞之后探测器从防热大底分离到背罩分离经历了从 4.8 km/s 降低到几十米每秒的大跨度减速过程。同时,由于在下降过程中,火星复杂的大气环境造成了随机的风扰[21,29-32],防热大底和背罩的分离面临许多不确定性且技术动作复杂,存在与着陆器碰撞的风险。因此,火星探测器下降阶段的防热大底和背罩的可靠分离是整个 EDL 过程中最有难度、也是最具挑战性的过程。有必要在地面开展大量实验对设计方案和关键技术进行充分验证,解决仿真验证和理论计算的偏差和不确定性等问题。由此可知,开发一种能够模拟防热大底和背罩分离的地面实验装置,对于解决上述难题具有十分重要的意义。

　　火星探测器 EDL 过程的下降阶段涉及的防热大底和背罩分离问题可归纳为地外行星探测过程中更为普遍的技术问题,即有大气扰动情况下防热大底和背罩安全可靠分离的技术。该技术面临如下 3 个方面的挑战。①成功的背罩分离过程为,连接于背罩和着陆器之间的分离解锁装置收到分离信号后,背罩以高的加速度(20 m/s²)与着陆器进行分离,且不发生碰撞。②成功的防热大底分离分为两个阶段:短期分离阶段和长期分离阶段,两个阶段均不允许发生碰撞。首先,防热大底与舱体连接处安装有火工品弹射装置,火工品爆炸产生的巨大推力使得防热大底以极高的速度(5 m/s)与着陆器分离,火工品爆炸的时间大约为 30 ms,该过程被称为"短期分离阶段";其次,在短期分离结束之后,防热大底与着陆器之间必须具有足够的弹道系数差以使防热大底更快下降,防止已经分离的防热大底再次与着陆器碰撞,大约 0.3 s 后,防热大底与着陆器的距离足够远以至于不可能发生再次碰撞,此过程被称为"长期分离阶段"。③防热大底和背罩分离过程中均面临由复杂的、不确定的风扰产生的扰动力和扰动力矩,它们会使其沿其他方向产生偏移和扭转,严重时可能与着陆器发生碰撞,直接导致着陆任务失败。

　　本书在中国空间技术研究院的"主动式飞行器空间分离实验装置研究"(项目编号:20172000671)的支撑下,以一种 7 索驱动机器人为研究对象,针对探测器着陆过程涉及的防热大底和背罩分离问题,开展一系列研究工作,为火星探测器防热大底和背罩分离的地面模拟实验提供理论基础,实现防热大底和背罩分离实验验证。该项基础理论研究及实验验证是我国首次采用主动式航天器分离测试方案的核心内容,填补了国内关于地外行星探测时着陆下降过程中防热大底和背罩分离的地面模拟验证实验的空白,丰富了我国在深空探测领域的研究成果,保证探测器安全可靠着陆,对我国深空探测任务起到了积极的推动作用。

1.2　相关领域研究现状

为了研究并解决在大气扰动下防热大底和背罩安全可靠分离时所面临的三大技术难题,本书首先从国内外现有航天器分离测试方案中展开调研,确立以绳索驱动机器人作为防热大底和背罩分离的地面模拟实验装置。模拟实验的重点是防热大底和背罩分离时的受力状态和运动状态。而索驱动机器人是以绳索作为力的传递媒介,由电机或弹簧等部件将力传递至末端执行器上,进而使得模型执行器产生运动。为了深入研究并揭示防热大底和背罩分离的运动和受力,本书将对高加速度下绳索的静态力传递特性、高初速度下的绳索动态力传递特性、扰动力的配置和优化等方面展开调研,并在此基础上深入探讨和分析其中的关键理论问题,归纳需要研究和解决的重点内容和难题。

1.2.1　航天器分离方案研究及应用现状

1.2.1.1　国外航天器分离方案的综述

从 20 世纪开始,特别是 20 世纪 60 年代后,以美国为代表的国家开展了一系列火星探测任务,有关防热大底和背罩分离的地面模拟实验激发了大量学者的兴趣。1965 年美国国家航空航天局(National Aeronautics and Space Administration,NASA)开始了"远航号"(Voyager)项目的研制,对火星进行着陆探测[33]。在通过前期飞越和环绕飞行器的探测后,NASA对火星大气有了一定的了解。为了实现软着陆开展了一系列飞行实验,采用降落伞对着陆器进行减速。由于耗资巨大,于 1967 年终止了"远航号"项目。一年后,"海盗号"(Viking)项目启动,尝试了多种高空飞行分离实验。NASA 兰利研究中心设计了 1∶10 的降落伞系统模型进行了风洞实验,为地球大气飞行测试确定了最终的配置方案[34]。如图 1.3 所示,1971 年 9月至 1972 年 5 月,进行了 9 次飞行器坠落实验,即通过大型运输机将着陆器提升至高空,然后将其抛离[35]。如图 1.4 所示,1972 年 7 月至 8 月,采用热气球舱体带至高空,完整地完成了从降落伞部署到防热大底和背罩分离及着陆的实验[36-38]。高空飞行抛离的方案风险大,费用高且实验周期长。因此在"好奇号"之前,没有再开展过类似的飞行分离实验[39]。

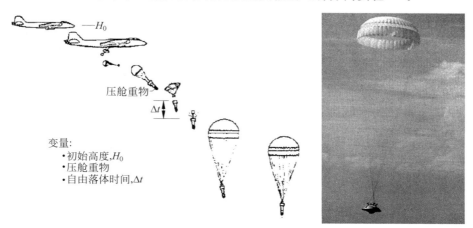

图 1.3　飞行器高空坠落测试

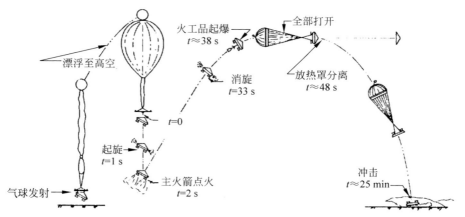

图 1.4　海盗号的气球发射减速系统分离实验

仿真分析方法也用于防热大底和背罩的分离。模拟轨迹优化程序
(program to optimize simulated trajectories,POST)仿真系统最初是由 NASA
兰利研究中心在 20 世纪 70 年代开发和维护的,目的是支持航天飞机的发
展[40-41]。自那以后,该系统不断升级和修改,通过轨迹模拟、分析和系统性能
评估支持各种航空航天飞行器的开发和操作。POST2 仿真系统便是其升级
版,包含了许多基本模型,如大气、重力和导航系统模型等,提供了任务级的
可行性、指导和控制算法的开发和分析能力[42]。它们用于模拟各种各样的发
射、绕轨飞行和大气进入任务,其中也包含"探路者"[24](Mars Pathfinder)、

"漫游者"[43]（Mars Exploration Rovers，MER）、极地着陆器[44]和奥德赛轨道器[45]的仿真模拟。其中，MER 真实在轨飞行任务的雷达测试数据也进一步验证了仿真模拟的准确性[46]。防热大底和背罩分离的一个重要方面是模型参数（质量特性、初始条件，弹射弹簧参数、几何数据等）的不确定性，为了考虑与这种不确定性相关的随机性，采用蒙特卡罗模拟（Monte Carlo simulation）为模型的不确定性定量分析和相关风险评估提供了一个统一的框架，该技术为探测器的设计和验证提供了一种更为实用的方法[47-48]。欧洲航天局（European Space Agency，ESA）的 Exomars 任务中对飞行前的大气参数、空气动力数据库和跟踪气体轨道器的分离扰动进行了蒙特卡罗模拟，最后从蒙特卡罗结果集中选择了最佳的下降轨迹[49-50]。

1.2.1.2   国内航天器分离方案的综述

现阶段国内关于行星探测器着陆过程的研究较少。国家军用标准"航天器分离试验方法"介绍了 3 种类似的分离方案：悬吊解锁分离试验、摆式分离试验和自由落体分离试验[51]。其中，悬吊解锁分离试验如图 1.5(a)所示，航天器和适配器由包带组件连接，整体被吊车吊起，当分离火工品起爆时，适配器开始与航天器分离。摆式分离试验如图 1.5(b)所示，被分离部件水平放置，上方用绳索吊挂，引爆装置触发后，进行解锁和分离。自由落体分离试验如图 1.5(c)所示，将试验件从一定高度释放，然后按照规定的时序进行解锁和分离。上述 3 种方案仅适用于工况比较简单的情况，显然不适用于火星探测器防热大底和背罩的分离。图 1.5(d)为北京卫星环境工程研究所提出的基于拉伸弹簧组件和配重的火星探测器分离实验方案[52]，该方案与自由落体分离试验类似，通过释放滑轮另一端的配重来实现航天器的分离。

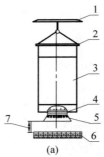

(a)

1—吊车；2—吊具；3—航天器；4—包带组件；5—适配器；6—海绵垫；7—适配器跌落高度。

图 1.5   国内航天器分离测试方法

(a) 悬吊解锁分离试验；(b) 摆式分离试验；(c) 自由落体分离试验；(d) 弹簧组件和配重分离试验

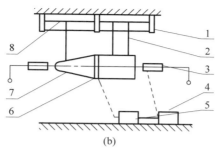

(b)

1—试验架；2—悬吊机构；3—保护装置；4—时序控制装置；5—引爆装置；6—分离面；
7—试验件；8—制动装置。

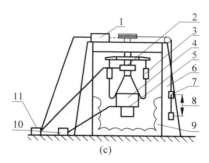

(c)

1—旋转机构；2—释放机构；3—缓冲器；4—试验件；5—分离面；6—试验架；7—重物；
8—重物跌落高度；9—保护装置；10—引爆装置；11—时序控制装置。

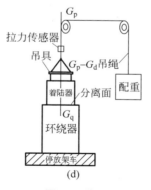

(d)

图 1.5（续）

北京理工大学自动化学院建立了火星 EDL 过程中降落伞 6 自由度数学模型，但未考虑防热大底和背罩的分离[53]。国防科学技术大学针对火箭、导弹等飞行器的分离过程，采用蒙特卡罗方法进行了可靠性分析[54]。哈尔滨工业大学的深空探测基础研究中心针对我国火星探测的防热大底和背罩的分离任务,开展了数字仿真验证工作。通过建立降落伞、着陆巡视器、防热大底和背罩的动力学模型,加入环境参数、气动参数、姿态阻尼控制模型等,进行各设计参数的敏感度分析和参数优化设计,开展全误差模型的蒙特卡罗 6 自由度数值仿真对防热大底和背罩分离的安全性验证[55]。

1.2.1.3 国内外航天器分离方案小结

要在地面环境中模拟火星探测器的防热大底和背罩分离过程,关键是要模拟防热大底和背罩的运动状态和受力状态,尤其是模拟背罩分离的运动状态和受力状态,防热大底的短期分离阶段和长期分离阶段的运动状态和受力状态,以及模拟火星大气的扰动力和扰动力矩,即克服上述分离过程中面临的三大技术难题。

表 1.1 对比了各种分离测试方案的优缺点。其中,飞行器高空测试方案虽然能够更加真实地模拟防热大底和背罩的分离过程,但每次实验都需要高空飞行,有风险高、耗资巨大、测试条件受天气影响大、测试周期过长等缺点,已不适用于现代航天测试。悬吊解锁分离试验、自由落体分离试验、弹簧组件和配重分离试验的结构简单、成本低,但其分离的最大加速度为重力加速度 g,无法满足背罩分离的高加速度需求,不适用于火星探测器的分离。摆式分离试验虽然能够模拟防热大底和背罩轴向的分离且成本较低,但其结构无法模拟扰动力和扰动力矩,因此也不适用于火星探测器的分离。仿真分析方案在一定程度上解决了地面模拟实验耗资巨大、实验的环境条件不一致、难以全过程模拟等难题,但其涉及学科门类多、受所采用模型的影响大,还需要通过一定的地面实验验证才能更全面、深刻地掌握着陆过程的细节,确保火星探测顺利进行。因此,它可以作为一种辅助测试方案。

表 1.1 各种分离测试方案对比

分离测试方案	优 点	缺 点	备 注
飞行器高空测试	更真实地模拟分离过程	高风险,耗资巨大,测试周期长	目前已不再适用于现代航天测试
仿真分析	成本合理,可分析火星 EDL 全过程	涉及学科门类多,模型复杂,受模型影响大	可作为分离测试方案的一种辅助手段
悬吊解锁分离	结构简单,成本低	最大分离加速度有限	不适用于火星探测器的分离
摆式分离	能够模拟轴向的分离,成本低	无法模拟扰动力和扰动力矩	不适用于火星探测器的分离

续表

分离测试方案	优　点	缺　点	备　注
自由落体分离	结构简单,成本低	最大分离加速度有限	不适用于火星探测器的分离
弹簧组件和配重分离	结构简单,成本低	最大分离加速度有限	不适用于火星探测器的分离

　　要完成火星探测器的防热大底和背罩分离的地面模拟实验,实验装置需要具备如下几个特点:运动范围大、加速度高、有多个方向的扰动力和扰动力矩施加、成本合理、风险低、测试周期短等。绳索驱动机器人是由绳索代替刚性支链将运动和力传递到末端执行器的。由于绳索的质量轻、惯量小,相比传统机构没有中间转动关节的运动约束,有工作空间大、模块化程度高、可重构性好、能量效率好、负载能力大、成本较低、运动性能优良等优点,广泛地应用于现代行业的各个领域,如射电望远镜[56-62]、吊装和搬运[63-66]、电梯及矿井[67-70]、风洞[71-75]、康复训练[76-85]、索驱动机器人救援[86-92]、低重力模拟[93-98]、手术机器人[99-106]、虚拟现实研究[107-112]等。如图 1.6 所示为索驱

(a)　　　　　　　　　　　　　　　(b)

(c)　　　　　　　　　　　　　　　(d)

图 1.6　索驱动机器人在各领域的应用

(a) 球面射电望远镜;(b) 吊装搬运;(c) 电梯和矿井提升机;(d) 风洞试验;(e) 康复训练;
(f) 腰部康复;(g) 索驱动救援装置;(h) 低重力模拟;(i) 手术机器人;(j) 虚拟现实研究

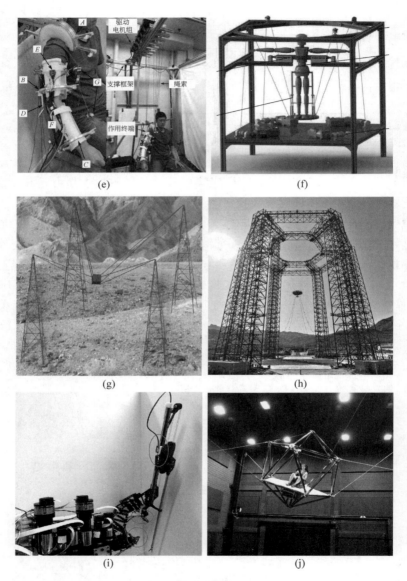

图 1.6(续)

动机器人在各领域的应用。由此可知,索驱动机器人的特征刚好契合火星探测器的防热大底和背罩的地面模拟实验装置的需求,因此利用索驱动机器人来实现防热大底和背罩分离的模拟实验具有良好的应用前景。

如图 1.7 所示为 7 索驱动机器人进行背罩分离和防热大底分离的地面模拟实验装置示意图,可归纳为如图 1.8 所示的 7 索驱动机器人的统一模型。其中,轴向绳索用于模拟轴向分离,扰动绳索用于模拟扰动力和扰动力矩。

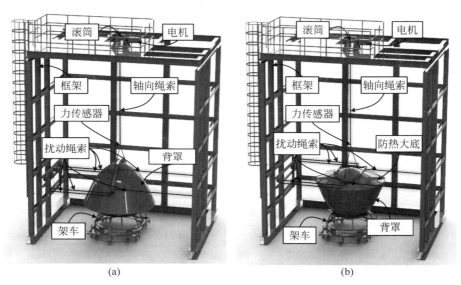

图 1.7　7 索驱动机器人分离示意图

(a) 背罩分离;(b) 防热大底分离

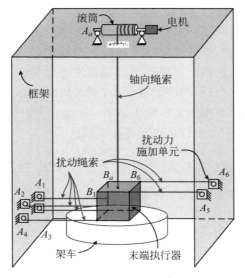

图 1.8　面向航天器分离的 7 索驱动机器人

在火星探测器防热大底和背罩分离的过程中,背罩以高加速度从相对静止状态与着陆器进行分离,火工品爆炸产生的巨大推力使防热大底克服空气阻力以极高的初速度与着陆器分离,加上防热大底和背罩分离时面临的扰动力和扰动力矩,这 3 个技术难点可归纳为以下 3 个理论问题,即绳索高加速度的静态力传递特性、高速动态索力传递特性、扰动力和扰动力矩的施加策略。具体说明如下。

(1) 基于索机器人的静态力传递特性:针对背罩分离过程,连接于背罩和着陆器之间的分离解锁装置收到分离信号后,采用索驱动机器人为背罩提供轴向的分离力,使其从静止状态以高加速度(20 m/s^2)与着陆器进行分离,其核心是轴向绳索如何将物体从静止状态瞬时达到高加速度状态,本书称为"静态力传递过程",对其传递特性进行深入研究,才能实现预先给定的技术指标要求。

(2) 基于索机器人的高速动态力传递特性:针对防热大底分离过程,其与背罩分离过程最大的不同是有非常高的初速度。防热大底分离伴随火工品爆炸产生的巨大推力,使得防热大底以极高的速度(5 m/s)与着陆器分离,之后再采用索驱动机器人为防热大底提供轴向方向的分离力,其核心是主驱动绳索如何在没有预紧力的条件下快速达到火工品爆炸速度,并将给定的轴向索力施加到防热大底上,本书将该过程称为"高速动态力传递过程",这种动态力传递特性与静态力传递特性不同,需要专门进行深入研究,以实现预先给定的技术指标要求。

(3) 基于索机器人的扰动力和扰动力矩施加策略:防热大底和背罩的分离并不完全沿轴向,火星复杂的大气环境造成的风扰使其可能沿其他方向产生偏移和扭转,严重时可能会与着陆器发生碰撞。本书将采用索驱动机器人对其分离过程提供相应的扰动力,而如何采用多根绳索施加给定的扰动力和扰动力矩,是本书需要解决的另一个关键理论问题。

本书将针对以上 3 个理论问题开展调研。

1.2.2　索驱动机器人静态索力传递的研究及应用

仿真分析作为防热大底和背罩分离的一种辅助测试手段,可以预先将其分离过程中的受力状态和运动状态等参数计算出来。在火星探测器背罩分离过程中,背罩以高加速度从相对静止状态与着陆器分离。背罩分离的成功与否,在于分离时背罩的受力状态和运动状态是否与数值仿真计算的结果相符,且整个分离过程无碰撞。采用索驱动机器人在地面对该过程进行模拟,虽然背罩所受空气阻力、重力等与火星表面不同,但可采用索驱动机器人实现背罩的运动状态,通过测量背罩的运动轨迹判断是否有碰撞产生,以此来验证背罩分离是否成功。由于背罩在收到分离触发信号后,将以一个给定的高加速度与着陆器分离,索驱动机器人中绳索索力的准确施加将是背罩分离的关键。一般地,轴向分离的力远大于其他方向的力(如法向的扰动力和俯仰方向的扰动力矩)。为了探究在地面模拟背罩分离时如何准确地施加绳索索力,首先将单独讨论轴向绳索的索力传递规律。针对上述关键技术问题可提炼如下理论问题,即末端执行器在静止状态下,以给定的高加速度运动时,绳索索力的准确施加及索力传递特性,它是采用索驱动机器人实现地面背罩分离实验验证的关键和难点问题之一。

　　力传递过程的本质是一个物体在受到外力作用下,改变了自身的形状和运动状态,同时该物体内部各个微元之间的相互作用力也相应地发生变化,并将所受的外力从物体的一端传递到另一端。该物体被称为力传递的“介质”,介质可以是岩石、空气、水、杆件、绳索等。力传递的过程不仅与所受外力的性质有关(如力的大小、持续时间、频谱成分),也与介质本身有关,如果一个介质是刚体,则介质本身不会发生变形,力的传递是瞬间的,但任何一个物体都不是完全的、理想的刚体,故任何物体都会有力的传递过程。一般地,介质主要分为两大类,刚性介质和柔性介质。刚性介质如梁、杆等的弹性模量较大,而柔性介质如绳索、弹簧等的弹性模量较小。

　　刚性介质的力传递中最为经典的是固体杆中的纵波传播问题。彭京启和朱位秋针对弹性杆中的非线性波,建立了纵向位移波传播的微分方程,考察了弹性杆内影响波传播的因素,并研究了细长杆中纵向应变波的传播问题[113-114]。胡秦结合哈密顿变分原理和多辛理论,利用数值仿真的方法研究了阶跃冲击力在弹性实心圆杆和空心圆杆不同直径下的传递过程,并考虑了弥散效应对力传递的影响[115]。Gan 对一端固定、另一端自由的变截面弹性细杆中纵波的传播进行了研究,采用了哈密顿原理,求解了波在传递过程中的波动方程,并得出了不同时刻力在细杆中的传递情况[116]。一般情况下,求解纵波在弹性细杆中的传播过程会使用散射法或伽辽金逼近法,并通过数值计算进行求解,如胡伟鹏在非线性弹性杆中对纵波传播过程所做的数值模拟[117]。

　　绳索是最为典型的柔性介质之一,由于绳索只能受拉而不能受压的特点,力在绳索中的传递特性与刚性介质不同。我们将末端执行器从静止开始,以给定的高加速度运动时的索力特性称为高加速度的“静态索力传递问题"。为了准确模拟防热大底和背罩在分离时的受力状态,索力的准确施加是最重要的环节。其中,探究绳索索力传递的特性是本书研究的主要问题。绳索的索力传递,实质上是力产生的变形在绳索这个介质中传递的过程,而力产生的变形会使绳索沿纵向和横向都产生变形。由于单自由度索驱动机器人作为多自由度索驱动机器人的一个单元,为了深入研究和揭示多索驱动机器人绳索力传递的特性,学者们首先进行了单根绳索的相关研究。单根绳索力传递方面的研究最初由布朗大学的 Carrier 提出,他提出的"意大利面问题"[118]描述了一根绳索以恒定的加速度通过细孔时会产生横向摆动的现象,通过建立悬挂可伸缩绳索关于横向位移的动力学方程,将已知的边界条件带入,并忽略空气阻力和阻尼的影响,得到了绳索横向振动振幅与时间的关系。但是,当绳索初始的振幅非常大时,上述方程将不再适用。由于绳索具有较高的灵活性和较低的内部阻尼特性,在大多数情况下,其被建模为轴向移动的张拉梁或随时间变化的弦,其末端连接负载,被称为"时变绳长的动力学问题"。该问题最常见于电梯或矿井提升机中,马里兰州立大学的 Zhu 针对电梯模型,将绳索的模型类比为细长梁的模型,通过哈密顿原理得到了梁横向振动的动力学模型,以能量和能量密度为振动的指标,分析了梁的末端受到横向扰动时的能量变化[119]。荷兰国家矿业公司的 Schaffers 表示,矿井提升机在突然加速和减速或紧急制动时,绳索和末端会出现剧烈的抖动现象[120]。绳索的长度是随时间变化的,在纵向振动中,如果波传播的速度远大于绳索长度的变化率,绳索长度的变化就通常会被忽略。在此种情况下,拉普拉斯变换是适用的,但是会使计算变得非常复杂。Schaffers 将整个提升机的模型简化为一根绳索和两个离散的质量块。根据一维波动方程,将初值条件和边界条件代入,得到绳索任意一点处纵向位移的二阶偏微分方程,并采用经典的达朗贝尔方法解决了此问题。Zhu 设计了一种新的比例模型来模拟高层建筑高速电梯中变长度移动绳索的线性横向动力学,这是一种方便而经济的方法,可用于在实验室小规模模型的实验中预测全尺度的行为。他将振动能量的二范数作为其误差的评价指标。结果表明,模型预测与实际结果的误差小于 10%,通过调整绳索张力和运动轮廓,此模型可以有效模拟不同原型机的横向动力学[121]。Chen 采用哈密顿原理和牛顿运动定律求解了电梯纵向力传递的动力学模型,由于动力学方程为二阶偏微分方程无法直接求解,作者采用了假设模态法,将其转化为离散的有限维的常微分方程,并采用了 3 种假设模态函数,将能量流作为系统振动的指标,经过数值仿真得到了 3 种模态函数对应的动力学响应及能量变化规律[122]。中国矿业大学的 Wang 为了增加稳定性,除提升主绳索以外,还在负载上方增加了导向绳索,在下方增加了补偿绳,并提出了一个全面的数学模型,用于分析提升主绳索、导向绳、补偿绳和负载的动力学行为[123]。他采用一阶拉格朗日方程建立了数学模型,用凝聚法推导出输送机和钢丝绳之间的复杂约束条件,为共振区的预测和纵向振动的抑制提供了有益的指导,并比较了传统的电梯模型之间的横向振动和纵向振动,发现通过向补偿绳索施加张力可以在一定程度上抑制系统的纵向振动。

上海交通大学的 Bao 针对电梯提升系统的绳索时变长度问题,考虑钢丝绳变形产生的几何非线性因素的影响,采用哈密顿原理建立了相应的纵向振动微分方程,利用多项式拟合得到的电梯提升系统的理想运行曲线作为其输入,应用 MATLAB 软件对模型进行了仿真分析[124]。西安电子科技大学的 Diao[125] 研究了 6 索并联机器人绳索振动的解析解,在绳索并联机构中,当缠绕在滑轮上的绳索处于张紧状态时,横向振动可以被忽略,纵向振动则是一个非常重要的影响因素。虽然绳索长度的变化远小于绳索运动的长度,但是绳索内部长度的变化将在很大程度上影响绳索的索力大小,通过哈密顿原理可以求得绳索从初值拉力到末端执行器之间的函数关系。研究者还使用尼龙绳和钢丝绳两种材料做了动力学分析,结果表明当采用刚度系数和密度更大的钢丝绳时,绳索的最大张力变化更小。伊朗的 Mahdi 从固有频率和模态动能两个方面研究了绳索横向振动对末端执行器振动的影响,研究结果表明,横向振动对末端执行器的影响非常小[126]。这一发现支持了由绳索横向振动引起的末端执行器振动可以忽略的普遍做法。

上述内容主要集中在电梯、矿井提升机等应用,揭示了末端执行器在运动过程中绳索内部力传递时的振动和能量变化情况,其运动的速度和加速度都比较小。由于绳索的质量轻、惯量小,驱动部件位于静平台上,索驱动机器人能够轻松达到很高的速度和加速度。FALCON-7 超高速索驱动并联机器人最早由日本立命馆大学的 Kawamura 提出[127],该机构使用了 7 根绳索实现了 6 自由度的运动。根据运动学逆解,当给定末端执行器的轨迹后,其峰值速度可达 13 m/s,峰值加速度可达 43 g。清华大学的张兆坤也提出了一种高速索驱动并联机器人[128],该机构有 3 个平动自由度,其最高的速度和加速度分别达到了 2.5 m/s 和 16 m/s^2。加拿大滑铁卢大学提出了一种基于绳索的超高速机器人[129],其最高速度可达 3.3 m/s。上述研究所涉及的高加速度是末端执行器按照给定的运动轨迹所能达到的峰值,并不适用于本书所讨论的以给定的高加速度运动。由于他们考察的主要是末端执行器的位置精度和负载能力,并未对绳索索力变化情况进行讨论,其采用的方法或研究的成果无法解决本书中高加速度的静态索力传递问题。目前来说,没有学者讨论过末端执行器以给定的高加速度稳定运动时,绳索索力的传递特性。因此,高加速度的静态索力传递问题、绳索以高加速度运动时索力的传递规律和该状态下力传递特性的影响因素,是绳索力传递特性亟待解决的关键问题,相关研究也能够为火星探测器背罩分离提供指导性、建设性的理论基础。

1.2.3 索驱动机器人动态索力传递的研究及应用

火星探测器防热大底分离的过程更为复杂,主要表现为,在短期分离阶段,防热大底在收到分离出发信号后,火工品起爆,所产生的推力持续对防热大底做功,在极端的时间内(约 30 ms)将其加速至很高的速度(大约 5 m/s),之后进入长期分离阶段(约 0.3 s),防热大底再以给定的加速度继续分离。防热大底分离的成功与否,在于分离时防热大底的受力状态和运动状态是否与数值仿真计算的结果相符,且整个分离过程无碰撞。在地面对防热大底的分离进行模拟时,由于短期分离阶段的火工品爆炸产生的能量极其巨大,无法采用电机牵引绳索提供爆炸力,该阶段主要还是由火工品爆炸产生的推力做功,电机牵引的绳索则需要在极短的时间内跟上防热大底的速度。在长期分离阶段,防热大底以给定的加速度继续分离,索驱动机器人主要针对防热大底的长期分离阶段进行模拟,由电机牵引绳索提供轴向的分离力。由于短期分离阶段结束后,防热大底已经具有了一个很高的速度,在此期间,火工品爆炸产生了巨大的能量,电机牵引的绳索将不可避免地产生松弛现象。针对上述关键技术问题可提炼如下理论问题,即当有高初始速度的末端执行器以给定的加速度运动时,绳索的松弛现象及绳索索力传递特性,这是采用索驱动机器人实现地面防热大底分离实验验证的关键和难点问题之一。同样地,为了深入剖析和研究需要解决的理论问题,本书先从单根绳索的动态索力传递等方面展开调研。

绳索具有单向受力特性,即只能受拉而不能受压。正如前文所述,在火工品爆炸阶段,由于能量的瞬间释放,无论绳索的预紧力有多大,绳索松弛的现象必然会出现。因此,绳索的松弛现象在准确计算绳索索力过程中扮演了重要的角色,应当在动力学模型中予以考虑。在过去几十年中,绳索松弛问题引起了众多学者的兴趣,接下来简述不同学者对绳索松弛问题的处理方式。绳索松弛现象主要出现于系泊浮标、拖船和系索海底单元等应用，如果绳索张力暂时下降到与沿绳索的分布阻力相当的程度，在周期性环境激励下交替拉紧工作，则绳索可能会出现松弛现象。针对该现象，英国斯特拉斯克莱德大学海洋技术中心的 Vassalos 提出了一种适用于拉紧状态下，一端受到水平激励的小型悬挂海缆的非线性模型。该模型采用了伽辽金方法，针对绳索可能出现的张紧和松弛问题，探究了绳索的非线性动力学，定义了绳索的索力由静态张力和动态张力组成，当静态张力和动态张力之和大于 0 时，绳索是张紧的，反之，绳索是松弛的[130]。大连理工大学的乔东生研究了系泊绳索在运动过程中的松弛响应[131]。在 ANSYS 有限元分析软件的基础上，介绍了一种开关函数，用来模拟系泊绳索的松弛过程。在分析过程中，该函数将判断每个计算子步骤的所有系泊绳索单元的应力状态。当其轴向应力小于或等于 0 时，该单元将自动乘以一个非常小的系数，这样这个单元的刚度几乎为 0。单元在接下来的计算步骤中，如果单元的轴向应力大于 0，则单元将重新活动，非常小的系数将自动取消，从而使该单元的刚度恢复到正常状态。阿根廷南国立大学的 Jordan[132] 针对单自由度船舶绳索系统的张紧松弛现象设计了一个控制系统来调整绳索的松弛行为，得出了绳索在松弛状态下其刚度为 0 的结论，最后分析了模型的稳定性区域。天津大学的唐友刚采用三维的集中质量法将绳索离散，构建了绳索张力的计算模型，发现绳索张力随绳索上端点的运动而变化，当激励频率和激励幅值达到一定值时，绳索会出现松弛和张紧现象[133-135]。上述文献大多是针对海洋系泊绳索系统中的松弛问题所做的研究，由于流体阻力的作用，船用绳索的动力学与空气中的绳索动力学有很大不同。当绳索在水中移动时，流体的阻力使得绳索的应变和张紧力之间是非线性的。在这种情况下，绳索的振动非常缓慢，绳索的拖拽力受到的拉伸影响比变形的影响大。Zhu 和 Ren 等针对电梯补偿绳索提出了一种具有弯曲刚度和任意移动端的松弛绳索的平面模型，用于计算绳索的振动和动态响应[136]。哈尔滨工业大学的张越给出了纤维绳索的轴向力和应变之间的关系，基于绝对节点坐标法，建立了能够反映绳索松弛特性的动力学模型[137-138]。

　　上述学者已经就绳索在有流体阻力和在空气中等情况下，针对绳索的松弛问题做了大量有意义的研究，揭示了相应领域内涉及绳索松弛时，绳索受力和振动的机理。然而，上述研究内容涉及的绳索松弛问题都有一个共同的特点，即绳索的运动是低速的、有垂度的。但是绳索在运动周期中变紧的速度不同，从松弛状态过渡到绷紧状态可能会导致绳索的张紧力较高，尤其是在高速运动状态下。这种动态张紧力的瞬间增加被定义为高速动态载荷,一般情况下瞬间的张紧力可以达到预紧力的几倍。这可能会产生有害的影响,甚至可能导致绳索断裂。到目前为止,还没有学者从绳索的高速运动状态的角度对绳索的松弛和绳索索力的动态特性等方面开展相关研究。然而,采用索驱动机器人对火星探测器的防热大底进行分离的地面模拟实验验证的核心就是绳索的高速动态力传递的研究。因此,研究绳索在高速运动过程中的动态索力传递特性是顺利实现火星探测器防热大底分离的地面模拟实验验证中亟待解决的核心问题。同时也填补了绳索在高速运动过程中力传递特性的研究空白。

1.2.4　扰动力研究及其应用

为了深入剖析绳索索力在静态和动态情况下的索力传递特性,上文对单根绳索的力传递特性做了详细的介绍。然而,在火星探测器 EDL 过程中,防热大底和背罩的分离并不是沿轴向的。星球复杂的大气环境和空气动力学干扰,使其可能沿其他方向产生偏移和扭转,严重时可能会与着陆器发生碰撞。因此,扰动力和扰动力矩是影响防热大底和背罩是否安全地、无碰撞地与着陆器分离的关键因素。本书将采用 7 索驱动机器人对防热大底和背罩的分离进行地面模拟实验验证,其中由电机牵引绳索提供防热大底和背罩轴向的分离力。在防热大底和背罩沿轴向分离的过程中,通过另外6 根索为其提供相应的扰动力和扰动力矩。因此,扰动力和扰动力矩的准确施加是采用索驱动实现防热大底和背罩地面分离实验验证的重点和难点之一。针对上述关键技术问题,可提炼如下理论问题:扰动力和扰动力矩施加策略,以及扰动力和扰动力矩以怎样的数量和空间进行优化配置,从而最为准确、真实地模拟防热大底和背罩的分离。为了深入研究这些理论问题,本书开展了有关扰动力的相关调研。

为了研究扰动力和扰动力矩对防热大底和背罩分离产生的影响,相关学者针对航天器扰动力和扰动力矩的施加和分离方法等开展了大量研究。NASA 的兰利研究中心采用蒙特卡罗统计分析方法对"凤凰号"(Phoenix)火星探测器的 EDL 系统的性能和鲁棒性进行了评价和分析[48,139]。他们专门为其开发了几套大气剖面图,其中包括温度和压力的日常变化。通过构建 EDL 大气模型,估计了火星各种条件下的风力大小;指出了探测器在下降过程中,降落伞的空气动力学表现为降落伞悬挂线汇合点的轴向力、法向力和俯仰力矩的共同作用,其中法向力和俯仰力矩为风扰所对应的法向的扰动力和俯仰方向的扰动力矩。研究者给出了轴向力系数、法向力系数和俯仰力矩系数随总攻角的变化情况,定义了法向扰动力和俯仰方向扰动力矩的上下不确定边界。这些边界表明了对应扰动力的极限工况,其平均值表明了对应扰动力的标称工况。最后,"凤凰号"成功着陆火星验证了所使用模拟和建模工具的有效性。哈尔滨工业大学的陈东采用蒙特卡罗方法对火星探测器防热大底和背罩分离进行了仿真分析,对防热大底分离采用马赫数触发、时间触发和时间-马赫数触发进行了 1000 次的打靶仿真,对背罩分离采用高度触发进行了 1000 次打靶仿真,并分别给出了防热大底和背罩分离的安全性判据,分析了分离的安全性[55]。哈尔滨工业大学的陈正构建了防热大底与着陆器之间的运动模型,分析了防热大底在分离过程中与着陆器在 3 个方向的相对速度和防热大底的姿态角变化[140]。结果表明在风扰的作用下,前 0.3 s 内,防热大底沿其中一个法向的偏移很大,而沿另一个法向的偏移很小。同时,沿防热大底的俯仰角要明显大于偏航角和滚转角。上述研究虽然都将扰动力和扰动力矩考虑在内,但都是以仿真分析的方法对防热大底和背罩的分离进行讨论,目前尚未采用实验装置对其验证。不过上述仿真分析结果也得出了一个重要的结论,即防热大底和背罩在受到风扰后,只沿某一个法向和俯仰方向有较大的偏移和翻转。因此,当采用索驱动机器人模拟防热大底和背罩的分离时,也只需要考虑一个法向的扰动力和俯仰方向的扰动力矩。清华大学的王伟方采用 9 索驱动并联机器人进行月面返回模拟实验,为了模拟火箭发动的羽流扰动,提出了一种干扰力施加方法。在实现矢量力输出的同时,主动控制绳索拉力的变化实现外扰力的施加,每根绳索按照索力分配方法正常施加索力的过程中由电机额外施加了不同频率和振动幅值的正弦干扰力[141]。然而,这与本书中防热大底和背罩分离的扰动力显然不是同一类型。目前没有在索驱动机器人中采用绳索来施加对航天器分离的扰动力和扰动力矩的研究。

　　扰动力的施加机构在本质上就是一个出力机构,常规的是电机-滚筒机构。本书中的防热大底和背罩的分离过程是极其短暂的。通常来说,这个过程仅有不到 0.3 s。这意味着从分离触发信号开始,到安全地、无碰撞地被分离为止,时间很短,对实验系统的可靠性要求很高。然而,几乎所有索驱动机器人中的每个驱动单元都采用了电机-滚筒的驱动方式,导致系统是一个多电机系统。一旦某一个电机出现故障,就会对防热大底和背罩造成不可逆的损坏,这是不被允许的。法国斯特拉斯堡大学的 Ryad 在传统的电机-滚筒机构上增加了一个平衡弹簧,防止在电机断电或出现故障的情况下绳索的张力衰减[142]。然而,这种设计仅能保证绳索的索力不会衰减,并不能防止对末端执行器的损坏。

尽管上述学者已经对扰动力对防热大底和背罩分离的影响做了大量仿真工作,且基于索驱动机器人的力施加装置做了设计和改进,但如果本研究中的索驱动机器人模拟的扰动力也采用这种传统的驱动模式,则这种多电机系统与上述提出的高可靠性要求相违背。因此,设计一种新型的扰动力施加装置是十分必要的,这种扰动力施加装置最好是无电机驱动的,采用弹簧作为力的来源,是一种被动形式的扰动力施加方式,相较传统的电机-滚筒驱动方式更加安全可靠。采用索驱动机器人对防热大底和背罩分离进行模拟,只在轴向采用传统的电机-滚筒方式,扰动力的施加均采用这种新型的扰动力施加装置,可以避免防热大底和背罩因电机故障导致不可逆的损坏,进而提升系统的可靠性。并且,不同数量的扰动力施加单元和其位置布局对于扰动力和扰动力矩的施加效果会产生重大作用,是模拟防热大底和背罩真实分离过程的重要影响因素。由于弹簧的行程有限,产生的扰动力也将在一定范围内对防热大底和背罩进行作用。德国斯图加特大学的Pott通过绳索的长度确定了索驱动并联机器人末端执行器的运动轨迹和工作空间[143]。德国杜伊斯堡大学的Hiller针对索驱动并联机器人中绳索的索力不能小于0且不能超过最大索力的实际情况,提出了索力可控的工作空间[144]。他们讨论的工作空间并不涉及扰动力,为了探讨扰动力对防热大底和背罩在分离过程中的影响规律,需要定义并深入研究扰动力可控工作空间的问题。

综合上述工作,对于涉及航天器扰动力的实验和验证的研究非常少,尤其是针对本书中的扰动力和扰动力矩的优化设计和施加策略等问题,未曾有学者进行过研究和讨论。

1.3　研究思路及内容

1.3.1　研究思路

本书以采用索驱动机器人对火星探测器 EDL 中防热大底和背罩的分离过程进行地面模拟实验为背景,通过研究绳索在高加速度状态下的静态索力传递特性、高初始速度的动态索力传递特性、扰动力施加单元的设计及扰动力和扰动力矩的施加策略等理论难题,实现采用索驱动机器人模拟防热大底和背罩的分离过程,并验证防热大底和背罩的分离过程是否与着陆器有碰撞,为地面模拟防热大底和背罩的分离提供一种新的技术方案,丰富了火星探测器防热大底和背罩分离的研究成果,确保火星探测器的安全着陆。

本书的主要研究路线如图 1.9 所示。首先,完成索驱动机器人的静态力传递特性研究。针对背罩轴向的分离力,构建绳索力传递动力学模型,提出静态索力传递指标,通过数值计算研究不同因素对静态索力传递的影响规律,并进行相关的实验验证。其次,完成索驱动机器人的高速动态索力传递特性研究。针对防热大底提供轴向的分离力,并根据防热大底分离过程中的不同阶段,推导相应的初值条件和边界条件,给出绳索松弛的处理方法,提出动态索力传递指标,通过数值计算,研究不同因素对动态索力传递的影响规律,并进行相关的实验验证。再次,完成索驱动机器人的扰动力设计和施加策略的研究,并设计一种新型的扰动力施加单元。建立含有扰动力施加单元的索驱动机器人的运动学和动力学,给出扰动力可控工作空间的定义和工作空间质量系数的计算方法,进而开展扰动力的施加策略研究,并进行相关的仿真分析。最后,验证高速索驱动机器人的总体实验,采用ADAMS 和 Simulink 联合仿真,并通过搭建用于火星探测器防热大底和背罩分离的模拟实验装置,对防热大底和背罩的模拟件进行相关的分离验证,最终采用真实的防热大底和背罩开展分离模拟实验。

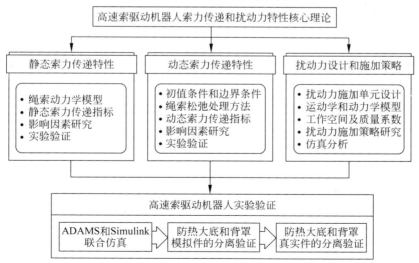

图 1.9　本书的研究路线

1.3.2　研究内容

本书内容共分为 6 章。

第 1 章为绪论。

第 2 章为静态索力传递特性研究。首先,给出多索驱动机器人的通用运动学和动力学模型;其次,以背罩轴向分离为背景,基于有限元法和牛顿运动定律推导单根绳索的动力学模型,并利用假设模态法将无限维度的偏微分方程转换成有限维度的常微分方程,给出数值计算的表达式;再次,给出用于评价静态索力传递特性的指标定义,并采用数值计算的方法探索了绳索杨氏模量、绳索线密度、预紧力、绳索长度和负载等因素对静态索力传递的影响规律;最后,进行相关的实验验证。

第 3 章为动态索力传递特性研究。首先,以防热大底轴向分离为背景,根据第 2 章提出的绳索动力学模型,针对防热大底的短期分离阶段和长期分离阶段,推导相关边界条件和初值条件,并给出绳索松弛状态的处理方法;其次,给出用于评价动态索力传递特性的指标定义,并采用数值计算的方法探索火工品推力、绳索杨氏模量和预紧力等因素对高速动态索力传递的影响规律;最后,以实际的索驱动机器人为研究对象,对所提出的理论进行相关实验验证。

第 4 章为扰动力的设计和施加策略。首先,以防热大底和背罩分离过程中扰动力的模拟为背景,设计一种新的扰动力施加单元;其次,以包含扰动力施加单元的多索驱动机器人为研究对象,建立相关的动力学模型;再次,给出扰动力可控工作空间的定义,并提出工作空间质量系数的计算方法,开展扰动力施加策略的研究;最后,采用数值计算的方法,探究轴向索力、法向扰动力和俯仰方向扰动力矩对末端执行器位置和姿态的影响。

第 5 章为总体实验验证。首先,通过 ADAMS 和 Simulink 的联合仿真,以动画的形式描述系统运行的过程,规避直接进行实验的不确定风险;其次,搭建用于防热大底和背罩分离的索驱动机器人实验平台;再次,使用与真实的防热大底和背罩有相同的质量和惯量属性的模拟件进行相关的实验验证;最后,对真实的防热大底和背罩的分离过程进行模拟。

第 6 章为总结与展望。通过梳理本书的内容,概括主要研究成果,并结合作者在研究过程中遇到的问题,给出后续研究工作的展望。

第2章 静态索力传递特性研究

2.1 引 论

在火星探测器防热大底和背罩分离过程中,背罩分离的复杂程度比防热大底小。本章首先以索驱动机器人模拟火星探测器背罩分离为对象,研究背罩在收到分离触发信号后,以一个给定的高加速度从相对静止状态与着陆器分离的过程。虽然在真实的探测器进入、下降与着陆(EDL)过程中,背罩、着陆器等都处在一个高速运动的下降状态,但背罩是否与着陆器安全、无碰撞地分离的关键在于二者之间的相对运动轨迹。可以采用索驱动机器人实现背罩的分离运动,通过测量背罩的运动轨迹来判断是否有碰撞产生,验证背罩分离是否成功。相关学者针对防热大底和背罩的分离做了大量仿真计算,并以实际火星探测器着陆时的数据进行了验证。结果表明,轴向分离的力远大于其他方向的力(如法向扰动力和俯仰方向扰动力矩)。虽然背罩的运动在实际分离过程中具备多自由度的特点,但是由于扰动力方向的力相对于轴向的分离力不在同一个量级,相应运动的加速度和速度也不在同一个量级。前人的研究支持本书在采用索驱动机器人模拟背罩分离时,单独将背罩轴向的分离过程作为研究对象。将一个多自由度的、复杂的运动以其运动特点拆解开来进行逐步讨论,也能够更加清晰地探究在地面模拟背罩分离时,如何准确地施加绳索索力。在采用索驱动机器人对背罩分离进行模拟时,将末端执行器从静止开始,以给定的高加速度运动时的索力特性称为"高加速度的静态索力传递问题"。该问题是解决索驱动机器人模拟背罩分离的核心和关键。

首先,本章针对索驱动机构中绳索的静态索力传递问题,介绍多索驱动机器人的通用模型,包括运动学和动力学模型,它们是研究有关绳索驱动机器人的基础理论。其次,以索驱动机器人模拟背罩分离为背景,单独以背罩轴向的分离为研究对象,采用有限元的方法将绳索分为有限个微小的单元,构建轴向绳索的动力学模型,给出任意时刻、任意位置的绳索索力表达式。

再次,以背罩分离时的索力传递特点,提出能够评价绳索力传递特性的关键指标,并采用数值仿真的方法探究绳索力传递特性的影响因素。最后,采用索驱动机器人对背罩模拟件进行相关的实验验证。

2.2 节将介绍索驱动机器人的通用模型,分析其运动学和动力学;2.3 节推导了绳索力传递相关的动力学模型,给出了绳索索力与时间和位置相关的表达式;2.4 节将介绍能够评价绳索力传递特性的指标;2.5 节通过仿真分析,探究绳索力传递特性的影响因素及影响规律;2.6 节将进行相关的实验验证。

2.2　索驱动机器人通用模型

多索驱动机器人是一种特殊的并联机构,其构型与传统刚性并联机构类似,区别在于索驱动机器人的末端执行器是由绳索连接而非刚性杆件。一般地,索驱动机器人由机构框架(静平台)、绳索(传递力和运动的媒介)、驱动部件(如电机、弹簧、气缸等)、传感器(用于测量)、末端执行器(动平台)等构成。由于绳索的单向受力的特性,即只能承受拉力而不能承受压力,索驱动机器人的运动特性与传统刚性并联机构不同。因此,索驱动机器人的运动学和动力学是进一步研究其运动特性的基础和关键。

不失一般地,本节以 n 自由度的索驱动机器人为研究对象,其中绳索的数量为 m,构建索驱动机器人的通用模型。如图 2.1 所示为索驱动机器人简化模型的示意图。其中,驱动部件均固定在机构框架上,机构框架与大底相连。绳索的一端与驱动部件相连,另一端与末端执行器相连。索驱动机器人的世界坐标系与大地固连,其坐标系原点为 O,局部坐标系固定在末端执行器上,其坐标系原点为末端执行器的质心 O_e。A_i 代表绳索的出索点,B_i 代表绳索与末端执行器的连接点($i=1,2,\cdots,m$),a_i 表示出索点在世界坐标系下的位置矢量,b_i 表示连接点在局部坐标系下的位置矢量。l_i 表示沿第 i 根绳索的向量,其模的大小为对应绳索的长度。末端执行器在世界坐标系下的位置为 $p=[x,y,z]^T$,姿态为 $\psi=[\alpha,\beta,\gamma]^T$,其中,$\alpha$ 表示绕 x 轴的角度,β 表示绕 y 轴的角度,γ 表示绕 z 轴的角度。因此末端执行器在世界坐标系下的位姿可表示为

$$X = \begin{bmatrix} p \\ \psi \end{bmatrix} = [x,y,z,\alpha,\beta,\gamma]^T \tag{2-1}$$

根据矢量闭环原理,末端执行器的位姿和绳索长度之间的关系可表示为

$$\boldsymbol{l}_i = \boldsymbol{OA}_i - \boldsymbol{OO}_e - \boldsymbol{R} \cdot \boldsymbol{O}_e \boldsymbol{B}_i = \boldsymbol{a}_i - \boldsymbol{p} - \boldsymbol{R} \cdot \boldsymbol{b}_i \tag{2-2}$$

其中,$\boldsymbol{R}$ 表示局部坐标系相对于世界坐标系的旋转矩阵:

$$\boldsymbol{R} = \boldsymbol{R}(z,\gamma)\boldsymbol{R}(y,\beta)\boldsymbol{R}(x,\alpha)$$

$$= \begin{bmatrix} \cos\gamma\cos\beta & \cos\gamma\sin\beta\sin\alpha - \sin\gamma\cos\alpha & \cos\gamma\sin\beta\cos\alpha + \sin\gamma\sin\alpha \\ \sin\gamma\cos\beta & \sin\gamma\sin\beta\sin\alpha - \cos\gamma\cos\alpha & \sin\gamma\sin\beta\cos\alpha - \cos\gamma\sin\alpha \\ -\sin\beta & \cos\beta\sin\alpha & \cos\beta\cos\alpha \end{bmatrix}$$

$$\tag{2-3}$$

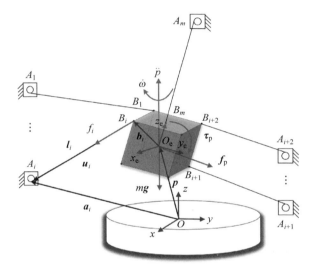

图 2.1　索驱动机器人通用模型

式(2-2)为绳索的长度和末端执行器的位姿建立了一个对应关系。已知绳索的长度,求解末端执行器的位姿被称为机器人的"运动学正解";反之,已知末端执行器的位姿,求解绳索的长度则被称为机器人的"运动学逆解"。对于索驱动机器人来说,求解机器人的逆解比正解更加简单。因此,逆解一般为解析解,而正解一般为数值解。

由式(2-2)可知,

$$\boldsymbol{l}_i^2 = [\boldsymbol{a}_i - \boldsymbol{p} - \boldsymbol{R} \cdot \boldsymbol{b}_i]^{\mathrm{T}} [\boldsymbol{a}_i - \boldsymbol{p} - \boldsymbol{R} \cdot \boldsymbol{b}_i] \tag{2-4}$$

进一步地,第 i 根绳索的长度可表示为

$$l_i = \sqrt{[\boldsymbol{a}_i - \boldsymbol{p} - \boldsymbol{R} \cdot \boldsymbol{b}_i]^{\mathrm{T}} [\boldsymbol{a}_i - \boldsymbol{p} - \boldsymbol{R} \cdot \boldsymbol{b}_i]} \tag{2-5}$$

则绳索的单位向量为

$$u_i = \frac{l_i}{l_i} = \frac{a_i - p - R \cdot b_i}{|a_i - p - R \cdot b_i|} \tag{2-6}$$

令式(2-2)的两边分别对时间求导,可得末端执行器的速度向量:

$$\dot{l}_i u_i + l_i \dot{u}_i = -\dot{p} - \omega \times (R \cdot b_i) \tag{2-7}$$

其中,

$$\omega = \dot{\psi} = [\dot{\alpha}, \dot{\beta}, \dot{\gamma}]^T \tag{2-8}$$

令式(2-7)的两边分别乘以绳索的单位向量 u_i,则式(2-7)可被重新表达为

$$\begin{aligned}
\dot{l}_i &= -\dot{p} \cdot u_i - [\omega \times (R \cdot b_i)] \cdot u_i \\
&= -\{u_i \cdot \dot{p} + [(R \cdot b_i) \times u_i] \cdot \omega\} \\
&= -\begin{bmatrix} u_i \\ (R \cdot b_i) \times u_i \end{bmatrix}^T \begin{bmatrix} \dot{p} \\ \omega \end{bmatrix} \\
&= -J\dot{X} \tag{2-9}
\end{aligned}$$

其中,$\dot{l}_i$ 为第 i 根绳索的速度,J 为索驱动机器人的结构矩阵,$\dot{X} = [\dot{x}, \dot{y}, \dot{z}, \dot{\alpha}, \dot{\beta}, \dot{\gamma}]^T$ 为末端执行器的速度矢量。式(2-9)为索驱动机器人的速度逆解。

同理,对式(2-9)的两边分别求时间的导数,即

$$\ddot{l}_i = -\dot{J}\dot{X} - J\ddot{X} \tag{2-10}$$

其中,$\ddot{l}_i$ 为第 i 根绳索的加速度,$\ddot{X} = [\ddot{x}, \ddot{y}, \ddot{z}, \ddot{\alpha}, \ddot{\beta}, \ddot{\gamma}]^T$ 为末端执行器的加速度矢量。式(2-10)为索驱动机器人的加速度逆解。

如图 2.1 所示,末端执行器所受的力可分为绳索的拉力 f_i,重力 mg,外力 f_p,外力矩 τ_p。其中,第 i 根绳索的拉力 f_i 可表示为

$$f_i = f_i u_i \tag{2-11}$$

其中,$\ddot{p}$ 为末端执行器质心点的加速度,$\dot{\omega}$ 为末端执行器的角加速度。

则末端执行器相应的动力学方程为

$$\begin{aligned}
&\begin{bmatrix} u_1 & \cdots & u_m \\ {}^O b_1 \times u_1 & \cdots & {}^O b_m \times u_m \end{bmatrix} \begin{bmatrix} f_1 \\ \vdots \\ f_m \end{bmatrix} + \begin{bmatrix} mg \\ 0 \end{bmatrix} + \begin{bmatrix} f_p \\ \tau_p \end{bmatrix} \\
&= \begin{bmatrix} 0 & 0 \\ 0 & -(I_p \omega)^{\otimes} \end{bmatrix} \begin{bmatrix} \dot{p} \\ \omega \end{bmatrix} + \begin{bmatrix} mI_{3\times3} & 0 \\ 0 & I_p \end{bmatrix} \begin{bmatrix} \ddot{p} \\ \dot{\omega} \end{bmatrix} \tag{2-12}
\end{aligned}$$

其中，

$$^{O}\boldsymbol{b}_m = \boldsymbol{R} \cdot \boldsymbol{b}_m \tag{2-13}$$

$(\cdot)^{\otimes}$ 为一个运算符，其定义如下，设

$$\lambda = \begin{bmatrix} \lambda_x \\ \lambda_y \\ \lambda_z \end{bmatrix}$$

则

$$(\lambda)^{\otimes} = \begin{bmatrix} \lambda_x \\ \lambda_y \\ \lambda_z \end{bmatrix}^{\otimes} = \begin{bmatrix} 0 & -\lambda_z & \lambda_y \\ \lambda_z & 0 & -\lambda_x \\ -\lambda_y & \lambda_x & 0 \end{bmatrix} \tag{2-14}$$

其中，$\boldsymbol{I}_{3\times3}$ 为 3×3 阶的单位矩阵，$\boldsymbol{I}_p$ 为末端执行器关于其几何中心的 3 阶惯量矩阵。式(2-12)可以整理为

$$\boldsymbol{A}\boldsymbol{f} + \boldsymbol{G} + \boldsymbol{F}_p = \boldsymbol{S}\dot{\boldsymbol{X}} + \boldsymbol{T}\ddot{\boldsymbol{X}} \tag{2-15}$$

其中，

$$\boldsymbol{A} = \begin{bmatrix} \boldsymbol{u}_1 & \cdots & \boldsymbol{u}_m \\ {}^{O}\boldsymbol{b}_1 \times \boldsymbol{u}_1 & \cdots & {}^{O}\boldsymbol{b}_m \times \boldsymbol{u}_m \end{bmatrix}, \quad \boldsymbol{f} = \begin{bmatrix} f_1 \\ \vdots \\ f_m \end{bmatrix}$$

$$\boldsymbol{G} = \begin{bmatrix} m\boldsymbol{g} \\ \boldsymbol{0} \end{bmatrix}, \quad \boldsymbol{F}_p = \begin{bmatrix} \boldsymbol{f}_p \\ \boldsymbol{\tau}_p \end{bmatrix}$$

$$\boldsymbol{S} = \begin{bmatrix} \boldsymbol{0} & \boldsymbol{0} \\ \boldsymbol{0} & -(\boldsymbol{I}_p\boldsymbol{\omega})^{\otimes} \end{bmatrix}, \quad \boldsymbol{T} = \begin{bmatrix} m\boldsymbol{I}_{3\times3} & \boldsymbol{0} \\ \boldsymbol{0} & \boldsymbol{I}_p \end{bmatrix}$$

式(2-15)为索驱动机器人的通用动力学模型。

2.3　静态索力传递动力学模型

采用索驱动机器人对火星探测器背罩分离进行模拟，该过程最为显著的特征是，背罩在收到分离触发信号后，以一个给定的高加速度与着陆器分离。同时，在 1.2.2 节的文献调研中提到了轴向分离的力远大于其他方向的力（如法向扰动力和俯仰方向扰动力矩），因此本书先将背罩轴向的分离过程单独考虑，也就是将一个多自由度的、复杂的运动，简化为单根绳索的高速垂直力传递运动。

此外,式(2-15)为索驱动机器人的动力学模型,f 为末端执行器所受到的绳索拉力。通常情况下,认为该拉力与出索点的拉力是一致的。然而,这种一致是有前提条件的,即末端执行器运动的加速度非常小或接近于 0。而本书所涉及的背罩分离过程的加速度较大,出索点的绳索索力与末端执行器所受的绳索索力并非完全一致。因此,绳索索力的准确施加将是背罩分离的关键。本节以背罩轴向分离为背景,探究末端执行器在静止状态下以给定的高加速度运动时,轴向绳索索力的准确施加及索力传递特性。静态索力传递的动力学模型是研究上述问题的基础。本节以有限元的方法,通过牛顿运动定律,构建绳索索力与位置、时间的关系。

如图 2.2 所示为背罩轴向分离示意图。其中,框架与架车固定于地面上。轴向绳索的一端与滚筒相连,另一端与吊具相连。高功率密度的电机驱动滚筒提供高的加速度,力传感器位于绳索与吊具之间。由于绳索实际受力的过程十分复杂,在对轴向绳索进行动力学建模之前作如下说明:

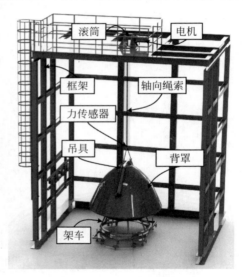

图 2.2 背罩轴向分离示意图

(1)本书只考虑绳索纵向的应力变化,即沿轴向的应力变化,其他方向的应力分量均为 0,且绳索的位移和形变远小于绳索索长;

(2)由于吊具与背罩固连,它们在本书的动力学分析过程中被看作一个整体;

(3)忽略绳索的弯矩、摩擦、空气阻力等;

（4）绳索的杨氏模量，绳索的线密度和横截面面积均为常量；

（5）横截面面积在绳索发生变形的整个过程保持一个平面；

（6）绳索由同一类型的均匀材料组成，且各向同性；

（7）绳索内部没有空隙，被介质均匀充满。

图 2.3 为背罩轴向分离绳索系统的受力模型。以滚筒横截面的圆心 O_1 为坐标系的原点，竖直向下为 y 轴的正方向，垂直纸面向外为 x 轴的正方向，根据笛卡儿坐标系的右手定则，相应的 z 轴的正方向为水平向右，绳索方向与 y 轴平行。滚筒半径为 R_D，P 点为绳索与滚筒的初始连接点，Q 点为轴向绳索的出索点，S 点为绳索与背罩的连接点。$\theta(t)$ 是 P 点相对 Q 点的角位移，则缠绕在滚筒上的绳索长度为 $R_D\theta(t)$；τ 为电机的扭矩，滚筒与背罩之间的绳索长度为 $l(t)$，绳索的总长度是一个常量 L_0，则缠绕在滚筒上的绳索长度与轴向绳索的长度有如下关系：

$$L_0 = R_D\theta(t) + l(t) \tag{2-16}$$

令式（2-16）两边分别对时间变量求导，可得

$$0 = R_D\dot{\theta}(t) + \dot{l}(t) \tag{2-17}$$

其中，$\dot{\theta}(t)$ 为滚筒的角速度，$\dot{l}(t)$ 为背罩运动的速度。

图 2.3(a) 为绳索没有发生形变时的理想状态，将其作为参考状态。在背罩实际运动过程中，绳索的实际受力状态如图 2.3(b) 所示，此时的绳索发生了相应的形变。其中，dy 为绳索在位置 $y(t)$ 处的微元，$y(t)$ 的取值范围为 $0\sim l(t)$，则绳索在位置 $y(t)$ 处的伸长量为 $u(y(t),t)$。相应地，当 $y(t)=l(t)$ 时，绳索在 S 点处的伸长量为 $u(l(t),t)$。图 2.3(c) 为微元 dy 的受力分析。图 2.3 的受力分析主要为滚筒部分和轴向绳索部分。

滚筒部分的受力如图 2.3 所示，由于缠绕在滚筒上的绳索质量相对滚筒本身的惯量和质量来说非常小，为方便分析，假设缠绕在滚筒上的绳索的质心与滚筒的回转中心重合。此外，假设滚筒上缠绕的绳索厚度与滚筒的半径 R_D 相比可以忽略不计，那么缠绕在滚筒上的绳索相对 x 轴的转动惯量为

$$J_c = m_{\text{cable}}R_D^2 = \rho\theta(t)R_D^3 \tag{2-18}$$

其中，m_{cable} 为缠绕在滚筒上的绳索质量，ρ 为绳索的线密度。如果滚筒相对于 x 轴的转动惯量为 J_D，则滚筒和绳索的总惯量为

$$J_x = J_D + J_c = J_D + \rho\theta(t)R_D^3 \tag{2-19}$$

如果滚筒出索点的绳索索力为 F^+，则滚筒的角动量方程为

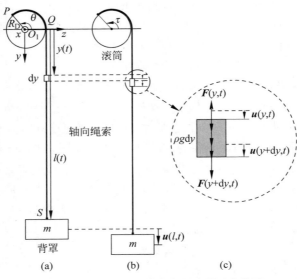

图 2.3　背罩轴向分离绳索系统的受力模型

（a）绳索未拉伸时的参考坐标；（b）绳索受力拉伸后的坐标；（c）绳索微元受力情况

$$\frac{\mathrm{d}(J_x\dot\theta(t))}{\mathrm{d}t}=\frac{\mathrm{d}\left[(J_\mathrm{D}+\rho R_\mathrm{D}^3\theta(t))\dot\theta(t)\right]}{\mathrm{d}t}=\tau-F^+R_\mathrm{D} \tag{2-20}$$

整理上式可得

$$\rho R_\mathrm{D}^3\dot\theta^2+(J_\mathrm{D}+\rho R_\mathrm{D}^3\theta)\ddot\theta=\tau-F^+R_\mathrm{D} \tag{2-21}$$

为方便表达，上式将 $\theta(t)$ 表示为 θ。

其次，轴向绳索部分的受力如图 2.3(b) 所示，当绳索发生形变时，位置 $y(t)$ 沿 y 轴方向的位置向量为

$$\boldsymbol{r}=\left[y(t)+u(y(t),t)\right]\bar{\boldsymbol{y}} \tag{2-22}$$

其中，$\bar{\boldsymbol{y}}$ 为沿 y 轴的单位向量。为方便表达，本书将 $y(t)$ 表示为 y，将 $u(y(t),t)$ 表示为 $u(y,t)$。根据多元复合函数求导法则，相应的速度向量为

$$\begin{aligned}
\dot{\boldsymbol{r}}&=\frac{\mathrm{d}\boldsymbol{r}}{\mathrm{d}t}\\
&=\left(\dot y+\frac{\partial u}{\partial y}\frac{\partial y}{\partial t}+\frac{\partial u}{\partial t}\frac{\partial t}{\partial t}\right)\bar{\boldsymbol{y}}\\
&=\left(v+v\frac{\partial u}{\partial y}+\frac{\partial u}{\partial t}\right)\bar{\boldsymbol{y}}
\end{aligned} \tag{2-23}$$

同理，对应的加速度向量为

$$\ddot{\boldsymbol{r}} = \frac{\mathrm{d}\dot{\boldsymbol{r}}}{\mathrm{d}t}$$

$$= \frac{\mathrm{d}\left(v + v\,\dfrac{\partial u}{\partial y} + \dfrac{\partial u}{\partial t}\right)}{\mathrm{d}t}\bar{\boldsymbol{y}}$$

$$= \left[\frac{\mathrm{d}v}{\mathrm{d}t} + \frac{\mathrm{d}\left(v\,\dfrac{\partial u}{\partial y} + \dfrac{\partial u}{\partial t}\right)}{\mathrm{d}t}\right]\bar{\boldsymbol{y}}$$

$$= \left(\dot{v} + \frac{\partial^2 u}{\partial t^2} + 2v\,\frac{\partial^2 u}{\partial y\partial t} + \dot{v}\,\frac{\partial u}{\partial y} + v^2\,\frac{\partial^2 u}{\partial y^2}\right)\bar{\boldsymbol{y}} \tag{2-24}$$

对于绳索上的微元 $\mathrm{d}y$,其受力如图 2.3(c)所示。根据材料力学,应力和应变的关系如下:

$$\sigma_{\mathrm{c}} = E\varepsilon_{\mathrm{c}} \tag{2-25}$$

其中,应力 σ_{c} 表示单位面积所受的力,即

$$\sigma_{\mathrm{c}} = \frac{F(y,t)}{A} \tag{2-26}$$

应变 ε_{c} 表示长度的相对改变量,即

$$\varepsilon_{\mathrm{c}} = \frac{u(y + \mathrm{d}y,t) - u(y,t)}{\mathrm{d}y} \tag{2-27}$$

将式(2-26)和式(2-27)代入式(2-25)可得

$$F(y,t) = EA\,\frac{u(y + \mathrm{d}y,t) - u(y,t)}{\mathrm{d}y} = EAu_y(y,t) \tag{2-28}$$

因此,

$$F_y(y,t) = \frac{F(y + \mathrm{d}y,t) - F(y,t)}{\mathrm{d}y} = EAu_{yy}(y,t) \tag{2-29}$$

根据牛顿第二定律,对于微元 $\mathrm{d}y$ 有

$$\rho\,\mathrm{d}y\ddot{r} = F(y + \mathrm{d}y,t) - F(y,t) + \rho g\,\mathrm{d}y \tag{2-30}$$

两边同时除以 $\mathrm{d}y$,并将式(2-24)和式(2-29)代入式(2-30)可得

$$\rho\left(\dot{v} + \frac{\partial^2 u}{\partial t^2} + 2v\,\frac{\partial^2 u}{\partial y\partial t} + \dot{v}\,\frac{\partial u}{\partial y} + v^2\,\frac{\partial^2 u}{\partial y^2}\right) - \frac{F(y + \mathrm{d}y,t) - F(y,t)}{\mathrm{d}y} - \rho g = 0$$

$$\tag{2-31}$$

重新对上式整理可得

$$\rho(u_{tt} + 2vu_{yt} + \dot{v}u_y + v^2 u_{yy} + \dot{v}) - EAu_{yy} - \rho g = 0 \tag{2-32}$$

式(2-32)即轴向绳索的动力学模型。该方程是一个关于时间 t 和位置 y 的

二阶偏微分方程。一般地,偏微分方程(partial differential equation,PDE)很难直接求得精确的解析解,因此,数值方法是解决这类问题的通用方法。对于数值方法的求解问题,通常情况下,可以将连续的无限维度的偏微分方程转化为离散的有限维度的常微分方程(ordinary differential equation,ODE),从而求得该问题的近似解[145]。美国特拉华大学的 Agrawal 采用瑞利-里兹法对上述问题进行了数值分析,该方法是直接变分法的一种,以最小势能原理为理论基础,以 n 个已知的试验函数(trial function)的线性组合来逼近精确解[146],其表达式如下:

$$f(x) = \sum_{i=1}^{n} a_i W_i(x) \tag{2-33}$$

其中,a_i 为未知的常系数,是基于能量原理进行分析的。

　　加拿大麦吉尔大学的 Forbes 则采用了假设模态法(assumed mode method,AMM),这是一种广义坐标近似法,也是一种将连续系统进行离散的通用方法。它采用有限个已知的模态函数的线性组合近似确定系统的响应[147],其表达式如下:

$$u(y,t) = \sum_{i=1}^{\infty} \varphi_i(y) q_i(t) \tag{2-34}$$

该式从形式上看与瑞利-里兹法类似,不同点在于它将一个关于时间 t 和位置 y 的复合函数分解为模态函数 $\varphi_i(y)$ 和广义坐标 $q_i(t)$ 这两个相对独立的函数的线性组合。取前 n 个有限的线性组合作为其近似解,则

$$u(y,t) = \sum_{i=1}^{n} \varphi_i(y) q_i(t) \tag{2-35}$$

其中,n 越大,越接近精确解,同时计算量也会随之增大。综合上述分析,假设模态法更适合针对本书的绳索轴向的动力学模型进行分析。模态函数的选取一般是任意的,只要能够满足相应的边界条件且与时间变量无关即可[147]。对本节所涉及的轴向绳索来说,在任意时刻,绳索的上端固定,下端自由。因此,模态函数可选取如下形式:

$$\varphi(y) = \sin \frac{\left(n - \frac{1}{2}\right)\pi}{l(t)} y(t), \quad n = 1,2\cdots \tag{2-36}$$

由于 $y(t) \in [0, l(t)]$,且 $y(t)$ 和 $l(t)$ 都是随时间变化的量,为了方便计算,一个新的变量 χ 被引入,其定义如下:

$$\chi = \frac{y(t)}{l(t)}, \quad \chi \in [0,1] \tag{2-37}$$

因此,式(2-36)可以改写为

$$\varphi(\chi)=\sin\left(n-\frac{1}{2}\right)\pi\chi,\quad n=1,2\cdots \tag{2-38}$$

式(2-38)满足如下正交性:

$$\int_0^1\varphi_i(\chi)\varphi_j(\chi)\mathrm{d}\chi=\frac{\delta_{ij}}{2} \tag{2-39}$$

其中,δ_{ij} 为克罗内克函数(Kronecker delta),定义如下:

$$\begin{cases}\delta_{ij}=1,\quad i=j\\[4pt]\delta_{ij}=0,\quad i\neq j\end{cases} \tag{2-40}$$

根据式(2-38)的定义,式(2-35)可以重新写为

$$u(\chi,t)=\boldsymbol{\varphi}(\chi)\boldsymbol{q}(t) \tag{2-41}$$

其中,

$$\boldsymbol{\varphi}(\chi)=\begin{bmatrix}\varphi_1&\varphi_2&\cdots&\varphi_n\end{bmatrix}$$

$$\boldsymbol{q}(t)=\begin{bmatrix}q_1&q_2&\cdots&q_n\end{bmatrix}^{\mathrm{T}}$$

将式(2-41)代入式(2-32),为方便求解,先考虑第 i 项的表达式,再利用式(2-39)的正交性,在式(2-32)的两边同时乘以 $\varphi_j(\chi)$,并对 y 从 0 到 $l(t)$ 积分,其表达式如下:

$$\int_0^{l(t)}\varphi_j(\chi)\left[\rho(u_{tt}+2vu_{yt}+\dot{v}u_y+v^2u_{yy}+\dot{v})-EAu_{yy}-\rho g\right]\mathrm{d}y=0 \tag{2-42}$$

接下来,针对式(2-42)的每一项求解。

u_t 表示 $u(y,t)$ 对时间变量 t 求导:

$$u_t=\frac{\partial u}{\partial t}=\varphi_i\dot{q}_i+\dot{\varphi}_iq_i=\varphi_i\dot{q}_i-\frac{\chi v}{l}\varphi'_iq_i \tag{2-43}$$

则

$$u_{tt}=\frac{\partial^2u}{\partial t^2}=\frac{\partial\left(\varphi_i\dot{q}_i-\frac{\chi v}{l}\varphi'_iq_i\right)}{\partial t}=\varphi_i\ddot{q}_i-\frac{\chi v}{l}\varphi'_i\dot{q}_i-\frac{\chi v}{l}(\varphi'_i\dot{q}_i+\dot{\varphi}'_iq_i)$$

$$=\varphi_i\ddot{q}_i-\frac{2\chi v}{l}\varphi'_i\dot{q}_i-\left(\frac{\dot{v}y-2\chi v^2}{l^2}\right)\varphi'_iq_i+\frac{\chi^2v^2}{l^2}\varphi''_iq_i \tag{2-44}$$

u_y 表示 $u(y,t)$ 对位置变量 y 求导:

$$u_y=\frac{\partial u}{\partial y}=\frac{1}{l}\varphi'_iq_i \tag{2-45}$$

则

$$u_{yt} = \frac{\partial^2 u}{\partial y \partial t} = \frac{1}{l}\varphi'_i \dot{q}_i - \frac{v}{l^2}\varphi'_i q_i - \frac{\chi v}{l^2}\varphi''_i q_i$$

$$= \frac{1}{l}\varphi'_i \dot{q}_i - \left(\frac{v}{l^2}\varphi'_i + \frac{\chi v}{l^2}\varphi''_i\right) q_i \tag{2-46}$$

所以,式(2-42)的第一项为

$$\int_0^{l(t)} \varphi_j(\chi)\rho u_{tt}\,\mathrm{d}y = \rho l \int_0^1 \varphi_j(\chi) u_{tt}\,\mathrm{d}\chi$$

$$= \rho l \left[\int_0^1 \varphi_i \varphi_j \,\mathrm{d}\chi \ddot{q}_i - \frac{2v}{l}\int_0^1 \varphi'_i \varphi_j \chi\,\mathrm{d}\chi \dot{q}_i - \right.$$

$$\left. \left(\frac{\dot{v}}{l} - \frac{2v^2}{l^2}\right)\int_0^1 \varphi'_i \varphi_j \chi\,\mathrm{d}\chi q_i + \frac{v^2}{l^2}\int_0^1 \varphi''_i \varphi_j \chi^2\,\mathrm{d}\chi q_i \right] \tag{2-47}$$

根据分部积分法则,有

$$\int_0^1 \chi^2 \varphi_j \varphi''_i\,\mathrm{d}\chi = \chi^2 \varphi_j \varphi'_i \Big|_0^1 - \int_0^1 \varphi'_i\,\mathrm{d}(\varphi_j \chi^2)$$

$$= 0 - \int_0^1 2\chi \varphi'_i \varphi_j\,\mathrm{d}\chi - \int_0^1 \chi^2 \varphi'_i \varphi'_j\,\mathrm{d}\chi \tag{2-48}$$

将式(2-48)代入式(2-47)可得

$$\int_0^{l(t)} \varphi_j(\chi)\rho u_{tt}\,\mathrm{d}y$$

$$= \rho l \left[\int_0^1 \varphi_i \varphi_j\,\mathrm{d}\chi \ddot{q}_i - \frac{2v}{l}\int_0^1 \varphi'_i \varphi_j \chi\,\mathrm{d}\chi \dot{q}_i - \frac{\dot{v}}{l}\int_0^1 \varphi'_i \varphi_j \chi\,\mathrm{d}\chi q_i - \frac{v^2}{l^2}\int_0^1 \chi^2 \varphi'_i \varphi'_j\,\mathrm{d}\chi q_i \right] \tag{2-49}$$

第二项为

$$\int_0^{l(t)} \varphi_j(\chi)\rho 2v u_{yt}\,\mathrm{d}y = 2\rho v l \int_0^1 \varphi_j u_{yt}\,\mathrm{d}\chi$$

$$= 2\rho v \left(\int_0^1 \varphi'_i \varphi_j\,\mathrm{d}\chi \dot{q}_i - \frac{v}{l}\int_0^1 \varphi'_i \varphi_j\,\mathrm{d}\chi q_i - \frac{v}{l}\int_0^1 \varphi''_i \varphi_j \chi\,\mathrm{d}\chi q_i \right) \tag{2-50}$$

根据分部积分法则,有

$$\int_0^1 \varphi''_i \varphi_j \chi\,\mathrm{d}\chi = \chi \varphi_j \varphi'_i \Big|_0^1 - \int_0^1 \varphi'_i\,\mathrm{d}(\chi \varphi_j)$$

$$= 0 - \int_0^1 \varphi'_i \varphi_j\,\mathrm{d}\chi - \int_0^1 \varphi'_i \varphi'_j \chi\,\mathrm{d}\chi \tag{2-51}$$

将式(2-51)代入式(2-50)可得

$$\int_0^{l(t)} \varphi_j(\chi) \rho 2vu_{yt}\,\mathrm{d}y = 2\rho v\left(\int_0^1 \varphi'_i\varphi_j\,\mathrm{d}\chi\dot{q}_i + \frac{v}{l}\int_0^1 \varphi'_i\varphi'_j\chi\,\mathrm{d}\chi q_i\right) \quad (2\text{-}52)$$

第三项为

$$\int_0^{l(t)} \varphi_j(\chi)\rho\dot{v}u_y\,\mathrm{d}y = \rho\dot{v}l\int_0^1 \varphi_j u_y\,\mathrm{d}\chi = \rho\dot{v}\int_0^1 \varphi'_i\varphi_j\,\mathrm{d}\chi q_i \quad (2\text{-}53)$$

第四项为

$$\int_0^{l(t)} \varphi_j(\chi)\rho v^2 u_{yy}\,\mathrm{d}y = \rho v^2\int_0^{l(t)} \varphi_j\,\mathrm{d}u_y = \rho v^2\left(\frac{1}{l}\varphi'_i\varphi_j q_i\bigg|_0^1 - \int_0^1 \frac{1}{l}\varphi'_i\varphi'_j\,\mathrm{d}\chi q_i\right)$$

$$= -\frac{\rho v^2}{l}\int_0^1 \varphi'_i\varphi'_j\,\mathrm{d}\chi q_i \quad (2\text{-}54)$$

同理,第六项为

$$\int_0^{l(t)} \varphi_j(\chi)EAu_{yy}\,\mathrm{d}y = EA\int_0^{l(t)} \varphi_j\,\mathrm{d}u_y = EA\left(\frac{1}{l}\varphi'_i\varphi_j q_i\bigg|_0^1 - \int_0^1 \frac{1}{l}\varphi'_i\varphi'_j\,\mathrm{d}\chi q_i\right)$$

$$= -\frac{EA}{l}\int_0^1 \varphi'_i\varphi'_j\,\mathrm{d}\chi q_i \quad (2\text{-}55)$$

第五项和第七项的和为

$$\int_0^{l(t)} \varphi_j(\chi)\rho(\dot{v}-g)\,\mathrm{d}y = l\int_0^1 \rho(\dot{v}-g)\varphi_j\,\mathrm{d}\chi \quad (2\text{-}56)$$

将式(2-47)~式(2-56)代入式(2-42),并根据 $\ddot{q}_i$、$\dot{q}_i$ 和 q_i 重新整理为如下矩阵形式:

$$\boldsymbol{M}(t)\ddot{\boldsymbol{q}}(t) + \boldsymbol{C}(t)\dot{\boldsymbol{q}}(t) + \boldsymbol{K}(t)\boldsymbol{q}(t) = \boldsymbol{W}(t) \quad (2\text{-}57)$$

其中,

$$\boldsymbol{U} = \begin{bmatrix} U_{11} & U_{12} & \cdots & U_{1j} & \cdots & U_{1n} \\ U_{21} & U_{22} & & & & \cdots \\ \vdots & & \ddots & & & \cdots \\ U_{i1} & & & \ddots & & \cdots \\ \vdots & & & & \ddots & \cdots \\ U_{n1} & \cdots & \cdots & \cdots & & U_{nn} \end{bmatrix} \quad (\boldsymbol{U} = \boldsymbol{M}, \boldsymbol{C}, \boldsymbol{K}) \quad (2\text{-}58)$$

$$M_{ij}(t) = \rho l\int_0^1 \varphi_i\varphi_j\,\mathrm{d}\chi = \frac{1}{2}\rho l(t)\delta_{ij} \quad (2\text{-}59)$$

$$C_{ij}(t) = 2\rho v\int_0^1 (1-\chi)\varphi'_i\varphi_j\,\mathrm{d}\chi \quad (2\text{-}60)$$

$$K_{ij}(t) = \rho\dot{v}\int_0^1 (1-\xi)\varphi_i'\varphi_j\,\mathrm{d}\chi - \frac{\rho v^2}{l(t)}\int_0^1 (1-\chi)^2\varphi_i'\varphi_j'\,\mathrm{d}\chi + \frac{EA}{l(t)}\int_0^1 \varphi_i'\varphi_j'\,\mathrm{d}\chi$$

$$(2\text{-}61)$$

$$W_{ij}(t) = l(t)\int_0^1 \rho(g-\dot{v})\varphi_j\,\mathrm{d}\chi \tag{2-62}$$

其中，

$$\begin{cases} \int_0^1 (1-\chi)\varphi_i'\varphi_j\,\mathrm{d}\chi = \dfrac{1}{4}, & i=j \\[3mm] \int_0^1 (1-\chi)\varphi_i'\varphi_j\,\mathrm{d}\chi = \dfrac{\left(i-\frac{1}{2}\right)\left(j-\frac{1}{2}\right)}{(i-j)(1-i-j)}, & i\neq j \end{cases} \tag{2-63}$$

$$\begin{cases} \int_0^1 (1-\chi)^2\varphi_i'\varphi_j'\,\mathrm{d}\chi = \dfrac{1}{4}+\dfrac{\pi^2}{6}\left(i-\dfrac{1}{2}\right)^2, & i=j \\[3mm] \int_0^1 (1-\chi)^2\varphi_i'\varphi_j'\,\mathrm{d}\chi = \left(i-\dfrac{1}{2}\right)\left(j-\dfrac{1}{2}\right)\left[\dfrac{1}{(i-j)^2}+\dfrac{1}{(1-i-j)^2}\right], & i\neq j \end{cases} \tag{2-64}$$

$$\int_0^1 \varphi_i'\varphi_j'\,\mathrm{d}\chi = \frac{1}{2}\left(i-\frac{1}{2}\right)^2\delta_{ij} \tag{2-65}$$

结合式(2-58)～式(2-65)即可求得关于广义坐标 $\boldsymbol{q}$ 的二阶常微分方程组。结合式(2-28)和式(2-45)即可得到绳索索力与广义坐标 $\boldsymbol{q}$ 的关系：

$$F(y,t) = EAu_y(y,t) = \frac{EA}{l}\boldsymbol{\varphi}'(\chi)\boldsymbol{q}(t) \tag{2-66}$$

2.4　静态索力传递特性的评价指标

绳索的一端连接着滚筒，另一端连接着末端执行器。众所周知，当一个物体被绳索牵引着运动时，绳索索力的波动情况与其加速度有关。当末端执行器匀速运动(加速度为0)或以很小的加速度运动时，末端执行器处在一个缓慢提升的过程，滚筒出索点处的绳索索力与末端执行器处的绳索索力相比变化很小。然而，当末端执行器以很高的加速度运动时，由于惯性力的作用，滚筒出索点处的绳索索力与末端执行器处的绳索索力有很大差异。这伴随着绳索力传递的过程。本节涉及采用绳索来模拟背罩轴向的分离，这个过程要求背罩从静止开始，以 15 m/s^2 的加速度与着陆器分离，且分离时间为 0.3 s。在此期间，末端执行器处的绳索索力经历了从预紧到峰值，再趋于稳定的过程。为了能够保证背罩以一个稳定的加速度运动,与末端执行器相连接的绳索的索力在整个分离过程中起到了重要的作用。因此,研究该工况下绳索索力的传递特性是十分必要的。本节从末端执行器处的绳索索力的变化情况入手,提出能够衡量绳索力传递性能的评价指标,以用于背罩分离实验时绳索索力传递的评价与分析。

如图 2.4 所示为静态索力传递特性的相关指标说明。其中,红色的虚线为目标索力,代表滚筒处绳索的索力,蓝色的实线为实际的索力,是位于末端执行器与绳索连接处的力传感器的测量值,代表末端执行器所受的绳索索力。从图中可以看出,触发信号为零时刻;在零时刻之前,绳索的实际索力一直保持一个初始拉力,即预紧力 F_{pre};之后,经过时间 t_r 达到了目标索力的 95%;在时刻 t_m,实际的索力达到了峰值,最后围绕目标索力上下波动,逐渐趋于稳定。为了更加清晰、准确地描述绳索实际索力的变化情况,拟采用以下 3 个评价指标来描述绳索的静态索力传递特性。

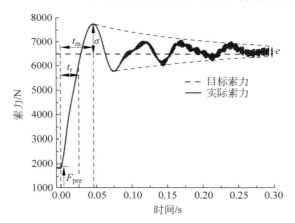

图 2.4 静态索力传递特性的相关指标说明(前附彩图)

(1)静态索力超调量 σ,其定义如下:

$$\sigma = \frac{F(t_m) - F_T}{F_T} \times 100\% \tag{2-67}$$

其中,t_m 为实际绳索索力达到最大值时所对应的时间,F_T 为目标索力。静态索力超调量反映了绳索静态索力传递过程中相对于目标索力的最大偏移量的百分比。

(2)静态索力响应时间 t_r,其定义如下:

$$\exists\, t_r \in [0, T]$$

$$\text{s. t. } F(t_r) = F_T \times 95\% \tag{2-68}$$

存在时间 t_r 属于时间区间 $[0, T]$，使得对应的绳索索力等于目标索力的 95%。绳索作为力和运动传递的介质，并非一个理想的刚体，因此，索力的传递在绳索内部是有一定迟滞的，此时对应的迟滞时间，被称为"静态索力响应时间"。

（3）静态索力平均相对误差 ε，其定义如下：

$$\varepsilon = \frac{1}{n} \sum_{i=1}^{n} \left| \frac{F(t) - F_T}{F_T} \right| \times 100\% \tag{2-69}$$

其中，n 为数据点的总数。由于绳索在到达 $F(t_m)$ 之后会以目标索力为中心上下波动，随时间的推移，实际索力会趋于稳定。在相同时间内，绳索的实际索力波动越小，静态索力平均相对误差就越小，这反映了索力波动的程度，即索力传递的稳定性。

综上，静态索力超调量、静态索力响应时间和静态索力平均相对误差这 3 个指标能够准确地描述力从绳索一端传递至另一端的过程中所体现的特性。

2.5　静态索力传递特性的影响因素及仿真分析

数值分析方法是对连续数学问题的算法研究，它在工程和物理科学等多个领域有广泛的应用。如函数的计算、插值、外推和回归、解方程组、解特征值或奇异值问题，以及优化、求解积分和微分方程等。在数值问题的软件程序中，MATLAB 是一种流行的用于数值科学计算的商业编程语言包。本书中所有数值分析都是借助 MATLAB 实现的。

2.2 节给出了背罩轴向分离时绳索索力相关的动力学方程，2.3 节给出了衡量绳索静态索力传递性能的评价指标。由于动力学方程十分复杂，无法求得其解析解，本节将根据 2.2 节提出的数值解，对绳索静态索力传递的特性及影响因素进行研究，给出相关的影响规律，为实验的顺利开展和参数选取提供指导。

加拿大的 Hu[148] 探索了一种索驱动的柔性导管在运动过程中的摩擦力、滞后性、变形等对运动和力传递的影响。柔性导管的结构有长、薄、灵活的特点，没有关节和节段，可以在任何一点弯曲。基于此，可将其应用于外科手术，其最大的速度和力分别为 0.01 m/s 和 1.2 N。其运动特性与本书研究的高加速度索驱动机器人完全不同，在长时间、低速度运动时，摩擦力将是一个非常重要的影响因素。然而,本书 0.3 s 的短时间和 15 m/s^2 的高加速度,会使绳索内部的摩擦与空气的摩擦对绳索索力的传递影响非常小,因此,摩擦力对索力传递的影响不在本节讨论。

韩国的 Jung[149] 对绳索驱动机器人的高速运动所产生的振动进行了研究。为了便于分析高速索驱动机器人中电机-滚筒上的绳索张力对末端执行器的位置变化的影响,专门设计了一个两根绳索组成的单自由度试验系统。该系统由两个滚筒-电机、一个 1.6 m 的直线导轨、一个质量为 2 kg 的滑块和一个垂直板组成。垂直板贴在滑块上进行位置测量。滑块在 1.5 s 内实现了 ±10 m/s^2 的加速度运动。该学者研究了绳索在不同预紧力时滑块的振动情况。值得注意的是,预紧力的控制仅仅在刚开始设置滚筒张力时进行,在实验运动过程中,均为位置控制。结果表明,预紧力越大,末端执行器运行的越稳定,振动越小。如前文所述,绳索作为力传递的介质,其固有性质对力传递的过程有重要影响。然而,该学者仅仅考虑了预紧力对末端执行器的影响,是远远不够的。本节针对绳索的杨氏模量、线密度、预紧力、绳索的长度、负载的质量等方面,通过数值仿真方法,依据评价指标,探索上述几种因素对绳索力传递特性的影响规律。

控制变量法是科学研究中重要的研究方法之一[150]。由于影响绳索索力特性的因素较多,探究不同因素对绳索索力传递特性的影响规律是一个多因素问题。控制变量法可以将一个多因素问题转化为多个单因素问题,通过只改变其中一个因素的值,而保持其他变量不变,研究该因素对事物整体的影响。本节采用的基本研究思路即控制变量法,采用数值仿真方法,以 6500 N 为目标索力,通过单独改变绳索的杨氏模量、线密度、预紧力、绳索的长度、负载的质量等参数,研究绳索索力的变化规律。

如图 2.5 所示为杨氏模量对绳索静态力传递特性的影响曲线。随绳索杨氏模量的增加,静态索力超调量逐渐减小,表明绳索的最大值与目标索力的偏差逐渐减小。静态索力响应时间也随绳索杨氏模量的增大而变短,表明绳索索力的响应速度变快了。同样,静态索力相对平均误差也在逐渐减小。为了达到一个误差更小、响应时间更快的索力传递性能,绳索的杨氏模量越大越好。

如图 2.6 所示为绳索线密度对绳索静态力传递特性的影响曲线。随绳索线密度的增加,静态索力超调量逐渐增大,表明绳索的最大值与目标索力的偏差逐渐增大。静态索力响应时间也随绳索杨氏模量的增大而变长,表明绳索索力的响应速度变慢了。同样,静态索力相对平均误差也在逐渐增

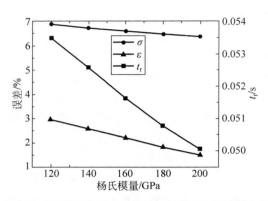

图 2.5　杨氏模量对绳索静态力传递特性的影响曲线

大。为了达到一个误差更小、响应时间更短的索力传递性能,绳索的线密度越小越好。

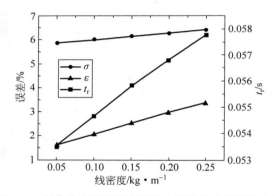

图 2.6　绳索线密度对绳索静态力传递特性的影响曲线

　　如图 2.7 所示为绳索预紧力对绳索静态力传递特性的影响曲线。随绳索预紧力的增加,静态索力超调量逐渐减小,表明绳索的最大值与目标索力的偏差逐渐减小。静态索力响应时间也随绳索预紧力的增大而变长,表明绳索索力的响应速度变慢了。静态索力相对平均误差随预紧力的增大而减小。预紧力对响应时间的影响是毫秒级的。总体来说,静态索力超调量和索力相对平均误差是更重要的指标,因此,大的预紧力更能提升静态索力传递的性能。

　　如图 2.8 所示为绳索长度对绳索静态力传递特性的影响曲线。随绳索长度的增加,静态索力超调量逐渐增大,表明绳索的最大值与目标索力的偏

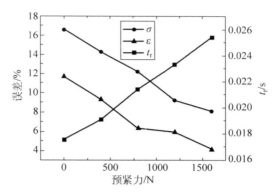

图 2.7　预紧力对绳索静态力传递特性的影响曲线

差逐渐增大。静态索力响应时间也随绳索长度的增大而变长,表明绳索索力的响应速度变慢了。同样,静态索力相对平均误差也在逐渐增大。为了达到一个误差更小、响应时间更短的索力传递性能,绳索的长度越小越好。

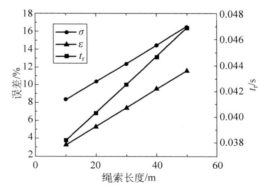

图 2.8　绳索长度对绳索静态力传递特性的影响曲线

　　如图 2.9 所示为负载对绳索静态力传递特性的影响曲线。随负载的增加,静态索力超调量逐渐增大,表明绳索的最大值与目标索力的偏差逐渐增大。静态索力响应时间也随负载的增大而变长,表明绳索索力的响应速度变慢了。同样,静态索力相对平均误差也在逐渐增大。为了达到一个误差更小、响应时间更短的索力传递性能,负载越小越好。

　　为了更加清楚地表示上述影响因素对静态索力传递特性的影响,具体的数据如表 2.1～表 2.5 所示。

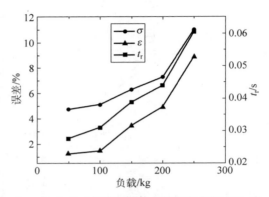

图 2.9　负载对绳索静态力传递特性的影响曲线

表 2.1　杨氏模量对静态索力传递特性的影响

杨氏模量/GPa	$\sigma/\%$	t_r/s	$\varepsilon/\%$
120	6.87467	0.05349	2.96209
140	6.7296	0.05259	2.58293
160	6.59663	0.05164	2.19279
180	6.47577	0.05078	1.82035
200	6.36689	0.05006	1.49249

表 2.2　线密度对静态索力传递特性的影响

线密度/kg·m^{-1}	$\sigma/\%$	t_r/s	$\varepsilon/\%$
0.05	5.85629	0.05347	1.59582
0.1	5.98917	0.05466	2.02577
0.15	6.1248	0.05582	2.50761
0.2	6.26032	0.05679	2.95862
0.25	6.40108	0.05777	3.34918

表 2.3　预紧力对静态索力传递特性的影响

预紧力/N	$\sigma/\%$	t_r/s	$\varepsilon/\%$
0	16.6	0.0176	11.68
400	14.27	0.0191	9.31
800	12.21	0.0214	6.3
1200	9.19	0.0233	5.94
1600	8.1	0.0254	4.11

表 2.4　绳索长度对静态索力传递特性的影响

绳索长度/m	$\sigma/\%$	t_r/s	$\varepsilon/\%$
10	8.33	0.0382	3.24
20	10.36	0.0403	5.29
30	12.39	0.0425	7.4
40	14.43	0.0447	9.52
50	16.48	0.0469	11.61

表 2.5　负载对静态索力传递特性的影响

负载/kg	$\sigma/\%$	t_r/s	$\varepsilon/\%$
50	4.77	0.0276	1.26979
100	5.13	0.0309	1.49878
150	6.3	0.0389	3.44122
200	7.27	0.0439	4.91322
250	11.01	0.0606	8.89127

从上述分析可以看出,静态索力超调量和静态索力平均相对误差的变化趋势总是一致的。当采用绳索对背罩进行轴向分离时,绳索的静态索力超调量越小,响应速度越快,且静态索力平均相对误差越小,绳索索力的传递性能越好。因此,当选取杨氏模量大、线密度小的绳索,且绳索的长度尽可能短,预紧力在电机额定扭矩范围内尽可能大时,对背罩的轴向分离更有利。

2.6　静态索力传递的实验验证

为了验证本章所建立的针对背罩轴向分离的绳索动力学模型和仿真分析的正确性和有效性,本节将搭建用于背罩分离的索驱动机器人实验系统,进行相关的实验与分析。

本书所采用的电机-滚筒系统如图 2.10 所示。其中,电机采用高性能的科尔摩根电机,型号为 AKM84T,功率为 19.5 kW。相应的电机性能曲线如图 2.11 所示,曲线的阴影区表示电机的连续运行区和间歇运行区。连续运行区的边界是最大连续转矩线,最高处为与间歇运行曲线的交点,在此区域内,电机可以在任何位置连续操作运行。间歇负载区的边界是峰值转矩线和系统电压线。通过驱动器的峰值电流(驱动器可以在有限时间内产生的电流)或电机的最高峰值电流(二者中较小者)来设定峰值扭矩线。在电机启动后,当转速小于 1500 r/min 时,其峰值扭矩可达 668 N•m,具备极高的功率密度。因此,能够在短时间内使驱动负载并达到很高的加速度。为了提高电机做功的效率,在传动环节上将减速器省略,由电机输出轴通过联轴器直接与滚筒相连。同时,为了尽可能多地将电机所做的功用于背罩模拟件的分离,滚筒采用高强度、低密度的钛合金材料,且内部做了中空处理,进一步减小滚筒的惯量。绳索缠绕在滚筒上,通过绳索压块进行固定。绳索采用超高分子量聚乙烯编织绳(ultra high molecular weight polyethylene, UHMWPE),这是一种具有超强拉力、超低延伸率、高模量小比重、耐酸碱、耐腐蚀、抗紫外线、抗老化、绝缘介电等特性的绳索。其模量为 89~137 GPa,密度为 0.97~0.98 g/cm^3,可浮于水面。由 2.5 节可知,这种高模量、低密度的绳索恰好适用于本书关于背罩的分离实验。

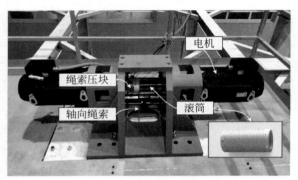

图 2.10　电机-滚筒驱动细节示意图

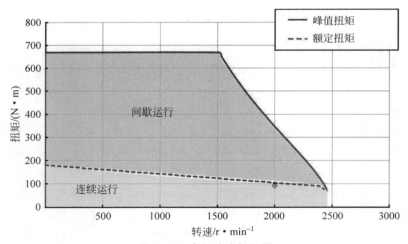

图 2.11　电机速度扭矩图

　　图 2.12 为本节实验的研究对象,该实验系统主要分为 3 个部分:索驱动机器人、测量系统、控制系统。索驱动机器人的框架与地面固连,背罩模拟件放置于架车上,架车可移动,用于对背罩模拟件的位置和角度进行微调。背罩模拟件与吊具可看作一个整体,与真实的背罩具有相同的质量属性。轴向绳索的一端连接电机滚筒驱动系统,另一端通过力传感器连接背罩。在实验过程中,由于背罩的高速度和高加速度,其运动范围很大,而框架的尺寸有限,因此,需要保护装置对分离结束之后的背罩进行减速。当背罩分离结束后,在重力和位于框架上方的索网共同作用下,背罩的速度被减至 0。测量系统由力传感器、惯性测量单元(inertial measurement unit, IMU)和高速摄影相机组成。其中,实验系统采用的是 HBM 拉压型高精度力传感器,型号为 U93,量程为 20 kN,采样频率为 10 kHz。为了精确地测量背罩分离时的加速度,本书采用了超高精度的惯性测量单元 STIM300,它是一种高性能、坚固耐用的 IMU,由 3 个高度精确的陀螺仪、3 个高稳定性加速度计和 3 个倾角计组成。STIM300 全尺度角速率的输入范围为 $\pm 400°/s$,输出上限为 $\pm 480°/s$,标准加速度的输入范围为 ± 10 g,采样频率为 2000 Hz。

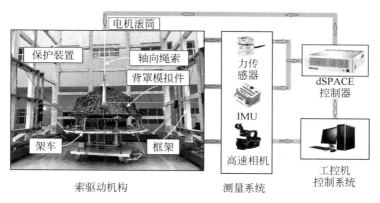

图 2.12　实验验证系统组成示意图

　　由于背罩轴向分离的有效实验时间大约为 0.3 s,且背罩处于高速和高加速度运动状态,为了更好地获取背罩分离时的数据,本书采用日本 Photron(SA2 型)全画幅高速相机。它通过每秒拍摄 1000 张照片的方式“减慢”物体的运动速度,即帧率为 1000 fps,进而可以更为清晰地观察物体的运动特性,其分辨率为 2048×2048,镜头的品牌为 Nikon,焦距为 $20 \sim 70$ mm,光圈为 f/2.8。在使用过程中还需使用标定板标定,并通过靶标来获取目标测量点(图 2.13)。通过测量系统中的力、加速度和位移 3 种测量量,可以对背罩轴向分离过程进行详细、全面地了解。控制系统的核心部件为德国 dSPACE 公司开发的一套基于 MATLAB 和 Simulink 的实时仿真控制系统,实时性强,可靠性高,可扩展性好[151]。其主板 DS1007 的处理器具有极高的运算能力。

图 2.13　高速摄影相机的标定

　　2.5 节提到了当选取杨氏模量大、线密度小的绳索,且绳索的长度尽可能短,预紧力在电机额定扭矩范围内尽可能大时,对采用索驱动机器人进行背罩的轴向分离会更有利。在实际实验验证过程中,已选取了最为合适的绳索,且实验的框架和架车的尺寸固定,绳索的长度基本是一个定值。本节主要对不同预紧力进行相关的实验验证。实验的相关参数如表 2.6 所示。在其他参数不变的情况下,改变绳索的预紧力,目标索力均为 5800 N,背罩从静止开始分离。图 2.14 为预紧力为 1000 N 时轴向绳索的索力曲线,图 2.15 为预紧力为 2000 N 时轴向绳索的索力曲线。其中,实线为力传感器测量的实验值,虚线为仿真模拟值。相应的索力传递特性指标如表 2.7 所示,通过对比可知,预紧力为 2000 N 的静态索力超调量和静态索力平均相对误差均小于预紧力为 1000 N 的工况。

表 2.6　实验参数

参　　数	数　　值
绳索初始长度	10 m
绳索线密度	0.049 kg/m
绳索直径	4 mm
绳索的弹性模量	137 GPa
背罩模拟件质量	280 kg

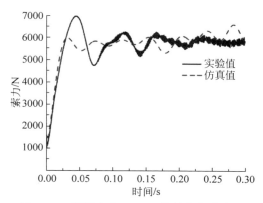

图 2.14　预紧力为 1000 N 的轴向绳索索力

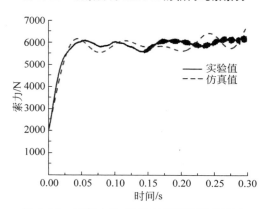

图 2.15　预紧力为 2000 N 的轴向绳索索力

表 2.7　不同预紧力的索力传递特性指标对比

预紧力/N	σ/%	t_r/s	ε/%
1000	22.37	0.0243	5.52
2000	0.23	0.0248	4.83

　　同时,预紧力为 2000 N 的索力响应时间长于预紧力为 1000 N 的工况。索力传递特性的规律符合 2.5 节的仿真结果,并且,预紧力为 2000 N 的索力响应时间仅仅比预紧力为 1000 N 时短了 0.5 ms,在实际实验过程中,这个差值基本可以忽略。当预紧力大于 2000 N 时,电机处于长时间的大电流状态,即无法工作在如图 2.11 所示的连续运行区域,因此,2000 N 的预紧力为背罩分离的最优预紧力。

　　在火星探测器背罩分离过程中,复杂的大气环境使得降落伞所受的阻力不同,造成背罩分离的相对加速度不同。虽然复杂的大气环境意味着不确定的阻力,但这些阻力是在一定范围内变化的。来自 NASA 的 Eric M. Queen 针对"凤凰号"(Phoneix)火星着陆器在 EDL 阶段的轴向分离力采用蒙特卡罗法,提出了相应的上下不确定边界[48]。取多次蒙特卡罗打靶结果的平均值为标称工况。上边界代表轴向分离力更大,背罩分离更加容易,称为"上限工况"。下边界代表轴向分离力更小,背罩分离更加困难,称为"下限工况"。

本节针对标称工况、上限工况和下限工况,分别进行了背罩轴向的分离实验,分离过程如图 2.16 所示。实验结果如图 2.17~图 2.19 所示。其

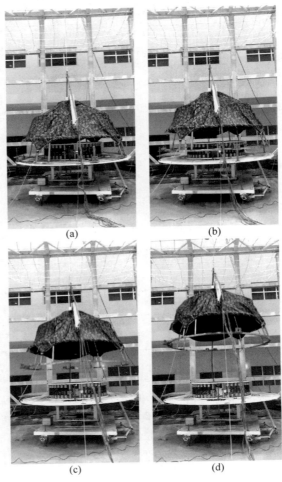

(a)　　　　　　　　　　(b)

(c)　　　　　　　　　　(d)

图 2.16　背罩分离过程

(a) 分离时间为 0 s;(b) 分离时间为 0.1 s;(c) 分离时间为 0.2 s;(d) 分离时间为 0.3 s

中,图 2.17 为 3 种不同工况下的轴向索力曲线,由图可知,上限工况对应的绳索索力最大,下限工况对应的绳索索力最小。相应地,由惯性测量单元测得的 3 种不同工况下的轴向分离加速度如图 2.18 所示。由高速摄影测得的 3 种不同工况下的轴向分离位移如图 2.19 所示。为了更加清晰地对比 3 种工况下的分离细节,相应的实验数据如表 2.8 所示。由表可知,上限工况下的轴向分离加速度的平均值 8.18 m/s² 为最大,标称工况和下限工况依次减小。从轴向的分离位移可知,上限工况为 561.05 mm,标称工况和下限工况依次减小。由上述数据可知,上限工况最有利于背罩分离,下限工况的数据均偏小,相对上限工况和标称工况,更不利于背罩分离。

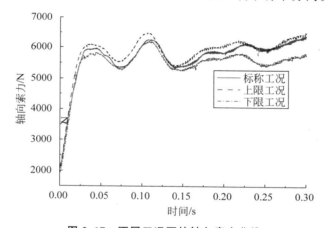

图 2.17　不同工况下的轴向索力曲线

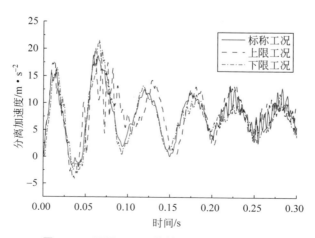

图 2.18　不同工况下的轴向分离加速度曲线

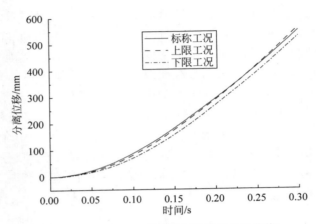

图 2.19　不同工况下的轴向分离的位移曲线

表 2.8　不同工况下的实验数据对比

实验数据 实验工况	轴向索力 平均值/N	轴向分离加速度 平均值/m·s^{-2}	轴向分离位移 最大值/mm
上限工况	5830.67	8.18	561.05
标称工况	5698.74	7.84	549.72
下限工况	5475.24	7.48	527.74

第 3 章　动态索力传递特性研究

3.1　引　　论

　　火星探测器防热大底的分离过程相比背罩分离更加复杂,防热大底的分离分为两个阶段:短期分离阶段和长期分离阶段。本章以索驱动机器人模拟火星探测器防热大底分离为背景。由绪论中的文献综述可知,相关学者针对防热大底和背罩的分离已经做了大量仿真计算,并用实际火星探测器着陆时的数据进行了验证,结果表明,轴向分离的力远大于其他方向的力(如法向扰动力和俯仰方向扰动力矩)。虽然防热大底的运动在实际分离过程中具备多自由度的特点,但由于扰动力方向的力相对于轴向分离力不在同一个量级,相应运动的加速度和速度也不是同一个量,本章依然采用与第2章类似的分析方法,将防热大底分离的多自由度、复杂的运动拆解开来,单独以防热大底轴向分离作为研究对象。

　　当采用索驱动机器人进行分离时,在短期分离阶段,轴向绳索只需要跟随防热大底的速度,这期间防热大底的动能和势能由火工品持续做功提供;而在长期分离阶段,没有了火工品的推力,绳索牵引防热大底持续做功,使防热大底以给定的加速度继续分离。由于短期分离阶段的火工品爆炸瞬间会产生巨大能量,预先张紧的绳索出现松弛现象;在长期分离阶段,绳索由松弛状态转变为张紧状态时会导致绳索的张紧力较高,尤其是在本书所涉及的高速运动状态下。这种动态张紧力的瞬间增加被定义为高速动态载荷,一般情况下瞬间的张紧力可以达到预紧力的几倍。这可能会产生有害的影响,甚至可能导致绳索断裂。我们称之为"高速动态索力传递问题",解决该问题是顺利实现火星探测器防热大底分离的地面模拟实验验证的核心。

　　针对索驱动机器人中的绳索高速动态索力传递问题,本章采用的动力学模型与第2章基本一致,不同点在于防热大底分离过程的两个不同阶段对应不同的初值条件和边界条件。然而,在真实的防热大底分离过程中,防热大底置于着陆器的下方,我们更为关注防热大底与着陆器分离时的相对运动轨迹。因此,3.2 节将介绍实验状态的防热大底分离的位置布局;3.3 节针对防热大底分离时的两个不同阶段,分别推导了相应的初值条件和边界条件,给出了绳索松弛时的处理方法;3.4 节介绍了能够评价高速动态绳索索力传递特性的指标;3.5 节通过仿真分析,探究了绳索力传递特性的影响因素及影响规律;3.6 节进行了相关的实验验证。

3.2　防热大底分离的位置布局

为了能够安全地着陆在火星表面,所有着陆火星的任务基本都采用了如图 3.1 所示的进入、下降和着陆(EDL)过程。其中,由于大气进入阶段舱体会与大气摩擦使得温度超高,着陆时都会采用一个防热大底来保护舱体内部的着陆器。着陆器到达合适的高度后,降落伞就会被部署,使其速度进一步减慢至亚音速。为了使着陆器上携带的雷达、相机等传感器为着陆器提供一个最佳着陆地点,必须对防热大底进行分离。防热大底分离阶段非常复杂,分离细节如图 3.1 所示。一个成功的防热大底分离分为两个阶段:短期分离阶段和长期分离阶段。首先,分离弹簧系统或火工品会将防热大底从着陆器中推开,在这个过程中防热大底必须与着陆器完全分离而不发生碰撞,将防热大底被推开的过程称为"短期分离阶段",此阶段时间非常短,通常仅有 30 ms 左右,即分离弹簧系统或火工品做功的时间。其次,防热大底在没有推力的作用下,受空气阻力的气动作用与着陆器继续分离。此过程中的气动作用有可能将防热大底再推向着陆器,进而造成防热大底和着陆器的碰撞。因此弹簧系统或火工品必须提供足够的动能来克服这种气动作用,即防热大底和着陆器之间必须具有足够的弹道系数差才能够使防热大底下降得更快,进而安全地与着陆器分离。此过程称为"长期分离阶段",通常约为 0.3 s。在约 0.3 s 后,防热大底与着陆器之间的距离大于防热大底的法向半径,即到达一个安全的距离,防热大底将不再与着陆器发生碰撞。

如图 3.2 所示为防热大底在轨状态和实验状态的受力示意图。从图 3.1 的着陆器 EDL 过程可知,防热大底位于着陆器的下方。当着陆器被降落伞减到合适速度时,防热大底将被抛离。在此之前,着陆器的受力状态如图 3.2(a)所示,F_h 为降落伞的拉力,A_h 为大气沿轴向的阻力,N_h 为大气沿法向的阻力,T_h 为大气对探测器的扭矩,G_h 为探测器在行星表面的重

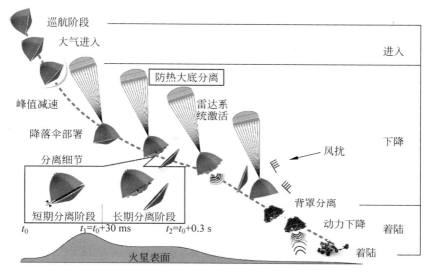

图 3.1　火星探测器 EDL 过程中防热大底分离示意图

力。在分离面处有一个解锁装置。当火工品触发信号被激活时,解锁装置
启动,火工品起爆。火工品产生巨大能量,使防热大底从分离界面开始与着
陆器进行分离。短期分离阶段防热大底的受力状态如图 3.2(b)所示,A_a
为大气对防热大底沿轴向的阻力,N_a 为大气对防热大底沿法向的阻力,T_a
为大气对防热大底的扭矩,G_a 为防热大底在行星表面的重力,F_{thrust} 为火
工品对防热大底产生的推力,Δd 为防热大底相对于分离界面的相对位移。
当采用索驱动机器人进行地面模拟实验时,如果防热大底以如图 3.2(b)所
示的置于探测器下方的方式分离,由于超高的速度和加速度,分离之后的减
速将是个棘手的问题,同时也会使整个实验装置更为复杂。地面模拟实验
的重点在于模拟防热大底分离过程的受力状态和运动状态,其相对运动轨
迹是关注的焦点。因此,为了简化实验装置,采用如图 3.2(c)所示的布局
方案。如图 3.2(d)所示为实验状态下,基于倒置布局方案的防热大底分离
之后的受力。F 为轴向绳索的拉力,N 和 T 为扰动绳索产生的扰动力和扰
动力矩,G 为防热大底的重力。由于扰动力方向的力相对于轴向的分离力
来说不在同一个量级,本节将采用索驱动机器人,单独以防热大底轴向分离
作为研究对象,探究动态索力传递特性。有关扰动力的研究将在 3.3 节
讨论。

　　如图 3.3 所示为防热大底轴向分离的示意图。其中,框架与架车固定

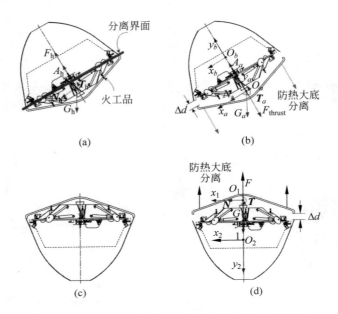

图 3.2　防热大底在轨状态和实验状态的受力示意图

（a）在轨状态分离前受力情况；（b）在轨状态短期分离受力情况；（c）实验状态分离前受力情况；（d）实验状态短期分离受力情况

图 3.3　防热大底轴向分离模型示意图

于地面上,背罩和着陆器均位于架车上,它们是静止的。防热大底位于着陆器上方。轴向绳索的一端与滚筒相连,另一端与吊具相连。力传感器位于绳索与吊具之间。防热大底和着陆器之间存在一个火工品装置,用于在防热大底短期分离阶段为防热大底提供动能和势能。在短期分离阶段结束后,电机驱动滚筒并牵引绳索使防热大底进入长期分离阶段。

3.3　动态索力传递的初值条件和边界条件

基于图 3.3 所示的索驱动机器人对火星探测器防热大底分离进行模拟,该过程主要分为短期分离阶段和长期分离阶段。其中,轴向绳索的受力模型如图 3.4 所示。同样采用第 2 章的有限元的方法,对于绳索上的微元 $\mathrm{d}y$,构建了绳索在防热大底分离过程中的动力学模型:

$$\boldsymbol{M}(t)\ddot{\boldsymbol{q}}(t)+\boldsymbol{C}(t)\dot{\boldsymbol{q}}(t)+\boldsymbol{K}(t)\boldsymbol{q}(t)=\boldsymbol{W}(t) \tag{3-1}$$

位置 y 处的绳索索力与广义坐标 $\boldsymbol{q}$ 的关系如下:

$$F(y,t)=EAu_y(y,t)=\frac{EA}{l}\boldsymbol{\varphi}'(\chi)\boldsymbol{q}(t) \tag{3-2}$$

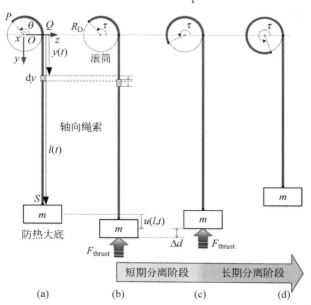

图 3.4　防热大底轴向分离系统绳索的受力模型

(a) 绳索未拉伸时的参考坐标;(b) 分离之前绳索受力拉伸后的坐标;

(c) 短期分离阶段结束后的情况;(d) 长期分离结束后的情况

对于轴向绳索来说,为了求得绳索在防热大底分离过程中的索力,应当给出相应的边界条件。由于防热大底分离过程分为短期分离阶段和长期分离阶段,因此,对应的边界条件在不同阶段也是不同的。

对于短期分离阶段,其边界条件如下:

$$\begin{cases} EAu_y(0,t) = F^+(t), & y=0, t \in [0,0.03) \\ EAu_y(l,t) = mg - m(u_{tt} + \dot{v}) - F_{\text{thrust}}(t), & y=l, t \in [0,0.03) \end{cases}$$

(3-3)

其中,F^+ 为点 Q 处的绳索索力:

$$F^+ = [\tau - \rho R_D^3 \dot{\theta}^2 - (J_D + \rho R_D^3 \theta)\ddot{\theta}]/R_D, \quad t \in [0,0.03) \quad (3\text{-}4)$$

其中,$F_{\text{thrust}}(t)$ 为火工品的推力,是一个关于时间 t 的函数。

对于长期分离阶段,其边界条件如下:

$$\begin{cases} EAu_y(0,t) = F^+(t), & y=0, t \in [0.03,0.3] \\ EAu_y(l,t) = mg - m(u_{tt} + \dot{v}), & y=l, t \in [0.03,0.3] \end{cases}$$

(3-5)

在求解式(3-1)时,还需要给出相应的初值条件。考虑到上述索驱动机器人在启动之前处于静平衡状态,则轴向绳索在位置 y 处,时间 $t=0$ s 时的绳索索力如下:

$$EAu_y(y,0) = mg + \rho g(l-y) + F_{\text{pre}}$$
$$= \rho g l \left(\frac{m}{\rho l} + 1 - \xi \right) + F_{\text{pre}} \quad (3\text{-}6)$$

对式(3-6)两边同时积分可得

$$u(\chi,0) = \frac{l}{EA} \int_0^\chi \left[\rho g l \left(\frac{m}{\rho l} + 1 - \chi \right) + F_{\text{pre}} \right] \mathrm{d}\chi \quad (3\text{-}7)$$

由式(2-34)可知,

$$u(\chi,0) = \sum_{i=1}^{n} \varphi_i(\chi) q_i(0) \quad (3\text{-}8)$$

因此,

$$\sum_{i=1}^{n} \varphi_i(\chi) q_i(0) = \frac{\rho g l^2}{EA} \left(\frac{m}{\rho l} \chi + \chi - \frac{1}{2} \chi^2 \right) + \frac{l F_{\text{pre}}}{EA} \chi \quad (3\text{-}9)$$

由于

$$\varphi(\chi) = \sin\left(n - \frac{1}{2} \right) \pi \chi, \quad n = 1, 2, \cdots \quad (3\text{-}10)$$

根据式(2-39)的正交性,对式(3-9)的两边同时乘以 $\sin\left(n-\dfrac{1}{2}\right)\pi\chi$ 并积分可得

$$q_n(0) = \frac{\rho g L^2}{EA}\left[\frac{8}{\pi^3(2n-1)^3} + \frac{4m\sin\left(\dfrac{2n-1}{2}\right)\pi}{\rho L\pi^2(2n-1)^2}\right] + \frac{8LF_{pre}\sin\left(\dfrac{2n-1}{2}\right)\pi}{EA\pi^2(2n-1)^2}$$

$$(3\text{-}11)$$

由于

$$u_t(\chi,0)=0 \tag{3-12}$$

且根据式(2-43)可得

$$\varphi_i\dot{q}_i - \frac{\chi v}{l}\varphi_i'q_i = 0 \tag{3-13}$$

所以,

$$\dot{q}_n(0)=0 \tag{3-14}$$

将初值条件式(3-11)和式(3-14)代入式(3-1)即可求得关于 $\boldsymbol{q}$ 的常微分方程组。

　　由于绳索单向受力的特性,即只能承受拉力不能承受压力,绳索的索力不会出现小于 0 的情况。由于在短期分离阶段,动力学方程的边界条件中有火工品向上的推力,使得绳索的索力在防热大底刚开始分离时骤然下降,进而出现了绳索索力为 0 的情况。针对本章短期分离阶段绳索由于火工品爆炸所产生的巨大能量所造成的松弛现象,在采用数值方法求解上述微分方程组时,进行了如下处理:

$$\begin{cases} F(y,t) = EAu_y(y,t) = \dfrac{EA}{l}\boldsymbol{\varphi}'(\chi)\boldsymbol{q}(t), & \boldsymbol{\varphi}'(\chi)\boldsymbol{q}(t) > 0 \\ F(y,t) = EAu_y(y,t) = 0, & \boldsymbol{\varphi}'(\chi)\boldsymbol{q}(t) \leqslant 0 \end{cases}$$

$$(3\text{-}15)$$

其中,$u_y(y,t)$ 为绳索微元的应力:

$$u_y(y,t) = \frac{u(y+dy,t)-u(y,t)}{dy} \tag{3-16}$$

　　当应力小于或等于 0 时,可以认为对应的绳索索力为 0,即此刻的绳索处于松弛状态。

3.4　动态索力传递特性的评价指标

本节从末端执行器处的绳索索力的变化情况入手,提出了能够衡量绳索高速动态索力传递特性的评价指标,用于采用索驱动机器人对防热大底的分离进行模拟时的绳索索力传递的评价与分析。

由于采用索驱动机器人进行防热大底的分离,轴向绳索的力传递过程十分复杂,为了清晰地揭示绳索的力传递过程,提出了描述高速动态力传递特性的 3 个关键指标。如图 3.5 所示为高速动态索力传递特性的指标说明示意图。其中,黄色阴影部分为短期分离阶段,橙色阴影部分为长期分离阶段。蓝色实线为绳索滚筒处绳索的索力,红色虚线为末端执行器所受的绳索索力。在短期分离阶段,由于火工品爆炸所产生的巨大推力使得预紧的绳索出现了松弛现象,对应末端执行器处的绳索微元的应力为 0,此时的绳索索力为 0。将绳索索力为 0 的时刻称为“索力松弛时间”t_s,它是短期分离阶段绳索索力特性的标志性参数:

$$\exists\ t_s \in [0, T],$$
$$\text{s.t.}\ F_{\text{out}}(t_s) = 0 \qquad\qquad (3\text{-}17)$$

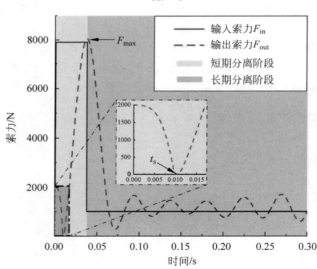

图 3.5　高速动态索力传递特性的指标说明(前附彩图)

在短期分离阶段,火工品产生的巨大推力持续对防热大底做功,将其能量转化为防热大底的动能和势能。在此期间,防热大底的速度可达到 5 m/s (时间大约为 30 ms)。在此高速运动状态下,当绳索由松弛状态转变为张紧状态时,绳索具备较高的张紧力,其索力达到峰值 $F_{\max}$,可能是预紧力的几倍。其数学表达式如下:

$$\exists\, t \in [0, T],$$
$$\text{s. t.}\ F_{\max}(t) = \max(F_{\text{out}}) \tag{3-18}$$

需要注意的是,在短期分离阶段,电机也会开始工作,主要对绳索和滚筒做功,使其跟上防热大底的速度,如图 3.5 黄色阴影部分的蓝色曲线所示。

在短期分离阶段结束后,火工品不再做功,防热大底具备了很快的速度,电机牵引绳索继续对防热大底做功,直至长期分离阶段结束。在该过程中,末端执行器处的绳索索力将在目标索力附近上下波动,逐渐趋于稳定。将动态索力的平均相对误差记为 κ,它是长期分离阶段衡量绳索索力在传递稳定性的重要指标:

$$\kappa = \frac{1}{N} \sum_{t=t_1+\Delta t}^{t=T} \frac{\left| F_{\text{out}}(t) - F_{\text{in}}(t) \right|}{F_{\text{in}}(t)} \times 100\% \tag{3-19}$$

其中,t_1 为短期分离阶段结束的时刻,T 为长期分离阶段结束的时刻,Δt 为时间间隔,N 为长期分离阶段的数据总量。

3.5　动态索力传递特性的影响因素及仿真分析

在第 2 章静态索力传递特性的研究中,已经分析了绳索的杨氏模量、线密度、预紧力、绳索的长度、负载的质量等参数对绳索索力的影响。动态索力传递过程与静态索力有相似之处,其中线密度、绳索长度和负载等因素对动态索力传递的影响规律与静态类似,而动态索力传递过程最为特殊的是短期分离阶段的火工品的存在。因此,本节针对火工品的推力,绳索的杨氏模量和预紧力对动态索力传递特性的影响展开讨论。

同样采用控制变量的策略,对 3.4 节提出的动态索力传递特性进行研究。如图 3.6 所示为火工品推力对动态索力传递特性的影响。图 3.6(a) 为不同火工品推力下的索力曲线,红色虚线框内的局部放大图显示了短期分离阶段绳索索力曲线的细节。预紧力保持 2000 N,杨氏模量为 1.6×10^{11} Pa。火工品的推力为短期分离阶段火工品爆炸产生的平均推力。图 3.6(b)为相应的动态索力传递特性的指标。由图可知,由于推力增大,相应的加速度增大,绳索松弛得更快,即索力松弛时间变短。同时,由于更高的速度,索力由松弛到张紧之后,绳索的索力峰值 F_{max} 更大。在长期分离阶段,绳索的索力相对于目标索力的波动也越大,即动态索力的平均相对误差随火工品推力的增大而增大。为了更加清楚地表示火工品推力对高速动态索力传递的影响,其评价指标的具体数值如表 3.1 所示。

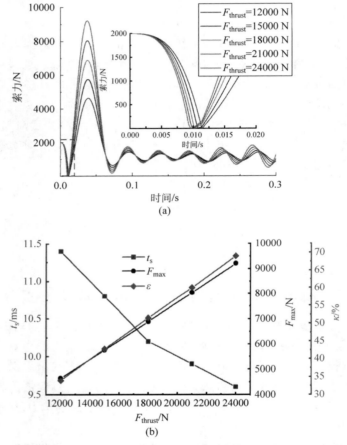

(a)

(b)

图 3.6 火工品推力对动态索力传递特性的影响(前附彩图)
(a) 不同火工品推力下的索力曲线;(b) 动态索力传递特性的指标

表 3.1 火工品推力对动态索力传递特性的评价指标

火工品推力/N	t_s/ms	F_{max}/N	κ/%
12000	11.4	4636.2	33.87
15000	10.8	5751.3	42.74

续表

火工品推力/N	t_s/ms	F_{max}/N	κ/%
18000	10.2	6884.9	51.46
21000	9.9	8037.2	60.06
24000	9.6	9207.7	68.95

　　如图 3.7 所示为杨氏模量对动态索力传递特性的影响。图 3.7(a)为不同杨氏模量下的索力曲线,红色虚线框内的局部放大图显示了短期分离

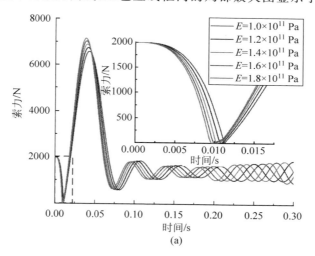

(a)

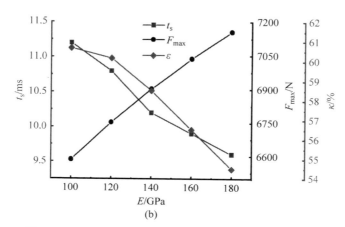

(b)

图 3.7　杨氏模量对动态索力传递特性的影响(前附彩图)

(a) 不同杨氏模量下的索力曲线；(b) 动态索力传递特性的指标

阶段绳索索力曲线的细节。预紧力保持 2000 N,火工品推力为 21000 N。图 3.7(b)为相应的动态索力传递特性的指标。由图可知,随绳索弹性模量的增大,绳索松弛得更快,即索力松弛时间变短。绳索的索力峰值 F_{max} 更大。在长期分离阶段,绳索的索力相对于目标索力的波动更小,即动态索力的平均相对误差随火工品推力的增大而减小。为了更加清楚地表示杨氏模量对高速动态索力传递的影响,其评价指标的具体数值如表 3.2 所示。

表 3.2 杨氏模量对动态索力传递特性的评价指标

杨氏模量/GPa	t_s/ms	F_{max}/N	κ/%
100	11.2	6585.6	60.66
120	10.8	6752.3	60.16
140	10.2	6901.7	58.51
160	9.9	7035.6	56.50
180	9.6	7155.6	54.48

如图 3.8 所示为预紧力对动态索力传递特性的影响。其中图 3.8(a)为不同预紧力下的索力曲线,红色虚线框内的局部放大图显示了短期分离阶段绳索索力曲线的细节。预紧力从 1000 N 逐渐递增至 3000 N,火工品推力保持 21000 N 不变,杨氏模量为 1.6×10^{11} Pa。图 3.8(b)为相应的动态索力传递特性的指标。由图可知,随绳索预紧力的增大,绳索松弛得更

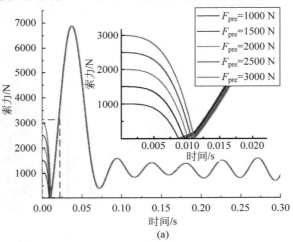

图 3.8 预紧力对动态索力传递特性的影响(前附彩图)

(a) 不同预紧力下的索力曲线;(b) 动态索力传递特性的指标

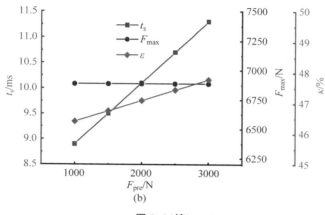

图 3.8(续)

慢,即索力松弛时间变长。值得注意的是,绳索的索力峰值 F_{max} 不变,即预紧力不影响绳索的索力峰值。在长期分离阶段,绳索的索力相对于目标索力的波动在增大,即动态索力的平均相对误差随预紧力的增大而增大。然而,κ 的增幅非常小,由此可知预紧力对动态索力平均相对误差的影响较小。为了更加清楚地表示预紧力对高速动态索力传递的影响,表 3.3 给出了其评价指标的具体数值。

表 3.3　预紧力对动态索力传递特性的评价指标

预紧力/N	t_s/ms	F_{max}/N	κ/%
1000	8.9	6884.9	46.41
1500	9.5	6884.9	46.75
2000	10.1	6884.9	47.09
2500	10.7	6884.9	47.43
3000	11.3	6884.9	47.77

由上述分析可知,绳索的松弛时间随火工品推力的增大而变短(火工品向上的推力加快了绳索松弛的速度)、随杨氏模量的增大而减小(杨氏模量的增大使得绳索的形变速度加快,进而加快了绳索松弛的速度)、随预紧力的增大而增大(预紧力在一定程度上增大了绳索的形变,使得绳索松弛的时间也变长)。火工品的推力是影响防热大底在短期分离阶段加速度和速度的主要因素。上述分析表明,火工品推力对索力峰值的影响最大,杨氏模量对索力峰值的影响非常小,而预紧力不影响索力峰值。火工品推力、杨氏模

量和预紧力都对动态索力的平均相对误差有影响。其中,火工品推力的增大使得索力峰值增大,造成绳索索力在长期分离阶段逐渐稳定过程中的波动较大;由于杨氏模量对索力峰值的影响较小,在长期分离阶段,它对动态索力平均相对误差的影响与第2章中静态索力平均相对误差的影响规律相似。因此,杨氏模量越大越利于索力传递的稳定性。预紧力对动态索力平均相对误差的影响非常小,由于火工品爆炸产生的巨大推力总会使张紧的绳索出现松弛现象,对于长期分离阶段来说,无论绳索的预紧力多大,绳索索力总是经历由0达到索力峰值,再逐渐稳定的过程。因此,相应的动态索力平均相对误差基本不受预紧力的影响。

3.6   动态索力传递的实验验证

为了验证本章所建立的针对防热大底轴向分离的绳索动力学模型和仿真分析的正确性和有效性,本节将搭建用于防热大底分离的索驱动机器人实验系统,进行相关的实验与分析。

如图3.9所示为本节实验的研究对象。该实验系统同样分为3部分:索驱动机器人、测量系统、控制系统。索驱动机器人中防热大底模拟件的质量属性与真实的防热大底相同。在火星探测器防热大底分离时,需要有一个分离弹射装置,以往的探测器(如NASA的"漫游者号")就采用了弹簧组件系统作为分离弹射装置,利用弹簧被压缩后储存的巨大能量将防热大底推离着陆器[46]。随着科技的飞速发展,人们对火箭能够运载的质量愈加"精打细算"。同样大小的能量,采用火工品进行分离弹射所需的火药质量远小于弹簧组件系统的质量,因此越来越多的分离弹射装置采用火工品来替代原先的弹簧组件系统。然而在实际的地面模拟实验中,需要对多个工况进行多次分离实验验证,火工品的价格高昂,并不适用于地面模拟实验。因此,本实验系统中的分离弹射装置采用的是弹簧组件系统。该组件的上下平面均为环形的合金材料,平面之间均布有32根弹簧。测量系统由力传感器和高速摄影相机组成,其配置和属性与第2章一样。该实验验证过程并没有采用惯性测量单元,因为在短期分离阶段的加速度峰值可能达到300 m/s^2,而长期分离阶段的加速度最大值仅为3 m/s^2,没有既能满足超大量程又能保证精度的惯性测量单元。为了保证测量结果的有效性,本章采用高速摄影测量得到的位移对时间的导数来获取防热大底分离的速度数据。虽然通过位移对时间的二阶导数也可获得相应的加速度,但是高速摄影位移的测量值本身具有的系统误差在经过两次求导之后就丧失了精度,求得的加速度将不具有参考意义。控制系统的核心部件为 dSPACE 控制器。

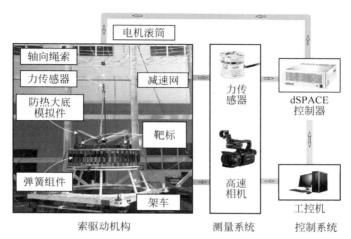

图 3.9 防热大底分离的实验验证系统组成示意图

本节针对上限工况和下限工况,分别进行了防热大底轴向的分离实验。上、下限工况的理论加速度如图 3.10 所示,由图可知,在防热大底的短期分离阶段,弹簧组件的压缩量是一样的。在长期分离阶段,上限工况的加速度始终为正,意味着防热大底加速与着陆器分离。而下限工况的加速度为负,意味着防热大底与着陆器之间的速度差在逐渐减小。将如图 3.10 所示的加速度作为所建立的动力学模型的输入,进行了如下实验验证。其中,弹簧组件的平均推力为 21000 N,绳索的初始预紧力为 2000 N,绳索的杨氏模量为 137 GPa。

防热大底的分离过程如图 3.11 所示,弹簧组件的下平面与架车固定,防热大底置于弹簧组件的上平面,则分离面为该上平面。这里采用弹簧组件代替火工品,可以低成本地开展多次实验。当 $T=0$ s 时,弹簧组件被压缩以储存巨大的能量。当防热大底分离的信号触发时,位于弹簧组件上的分离解锁装置释放,开始进入短期分离阶段。在此阶段中,弹簧产生的推力持续将防热大底推离,直至弹簧的行程到达极限。与此同时,在信号触发的瞬间,dSPACE 控制器开始给电机发送指令,电机带动滚筒和绳索也以同样的加速度运动。短期分离结束后,防热大底轴向的位移为 Δd,此时的防热大底已具备一个很高的速度,此后开始进入长期分离阶段。在此阶段中,电机驱动绳索继续对防热大底做功,使防热大底继续分离,直至结束。

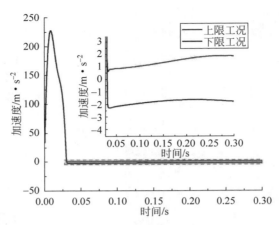

图 3.10   上下限工况的理论加速度

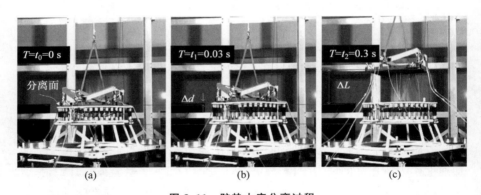

图 3.11   防热大底分离过程

（a）分离之前；（b）短期分离阶段；（c）长期分离阶段

如图 3.12 所示为上限工况和下限工况下防热大底分离的位移曲线。其中，上限工况下的轴向分离位移比下限工况下更大。如图 3.13 所示为上限工况和下限工况下防热大底分离的速度曲线，速度的参数是由高速摄影测量得到的位移参数对时间求导得到的，在一定程度上能够反映防热大底的速度变化情况。由于两种工况中弹簧组件的压缩量一致，二者在短期分离阶段结束后的速度基本一致。在长期分离阶段，上限工况的速度大于下限工况的速度。为了能够更加清晰地对实验结果进行分析，不同工况下的位移和速度的数据如表 3.4 所示。结果表明上限工况和下限工况的实验位移、速度均与理论值的趋势吻合。

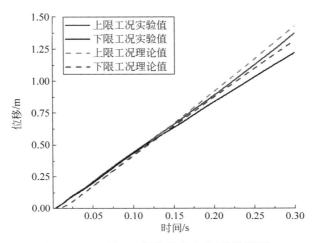

图 3.12　不同工况下的位移曲线(前附彩图)

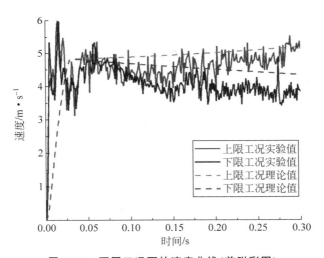

图 3.13　不同工况下的速度曲线(前附彩图)

表 3.4　不同工况的位移和速度的数据对比

工况	$\Delta d/\mathrm{m}$		$\Delta L/\mathrm{m}$		$V_\mathrm{S}/\mathrm{m \cdot s^{-1}}$		$V_\mathrm{L}/\mathrm{m \cdot s^{-1}}$	
	上限	下限	上限	下限	上限	下限	上限	下限
实验值	0.118	0.117	1.371	1.220	4.746	4.264	5.152	4.047
理论值	0.081	0.081	1.426	1.314	4.801	4.801	5.204	4.340

　　如图 3.14 所示为防热大底分离的上限工况中的索力曲线。其中,红色实线表示末端执行器处力传感器的测量值,蓝色实线为滚筒处绳索索力的实验值。红色虚线为末端执行器处绳索索力的理论值,它是通过求解本章所建立的绳索动力学模型并数值计算得到的。蓝色虚线为滚筒处绳索索力的理论值。由图可知,绳索的索力在短期分离阶段由 2000 N 的预紧力先变为零,然后迅速达到索力峰值,随后以滚筒处绳索的索力曲线为目标,逐渐趋于稳定。在短期分离阶段,滚筒处的绳索索力保持 8000 N 是为了将牵引防热大底的绳索、力传感器和滚筒进行加速,使它们的速度跟弹簧组件推动防热大底的速度相匹配。末端执行器处的绳索索力的实际值与理论值基本吻合,滚筒处绳索索力的实际值也与理论值基本吻合。如图 3.15 所示为防热大底分离的下限工况中的索力曲线。同样地,末端执行器处的绳索索力的实际值与理论值基本吻合,滚筒处绳索索力的实际值也与理论值基本吻合。上限工况的索力大于下限工况的索力,表明上限工况更易于着陆器分离。

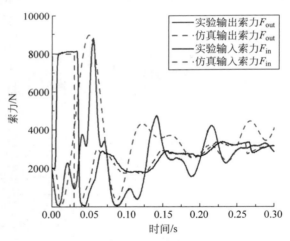

图 3.14　上限工况输入与输出索力对比(前附彩图)

　　需要注意的是,当绳索的分离信号开始触发时,滚筒处的绳索索力的实验值相比理论值有一个小的延迟。其原因在于,当火工品起爆,计时器开始计时时,控制器发出了指令信号,该信号经过驱动器到达电机并通过电机的扭矩传感器返回至数据采集器的时间是系统的固有延迟,仅有 0.0045 s 左右,对防热大底分离实验的影响可以忽略。

　　为了探究不同工况防热大底分离时的高速动态索力传递特性,将上述实验数据与本书所建模型的理论数据进行如表 3.5 所示的对比,并用本章

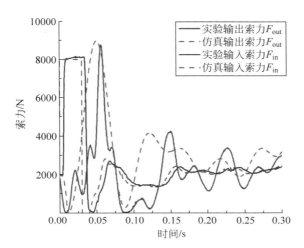

图 3.15　下限工况输入与输出索力对比（前附彩图）

提出的评价指标进行分析。

　　分别计算表 3.5 的实验值和理论值的相对误差，列于表 3.6，上限工况和下限工况的最大误差为 12.5%，最小误差为 1.6%。由于在高速动态索力传递过程中，索力的波动本就非常大，若要求的实验值和理论值的相对误差小于 20%，即可认为模拟过程有效，上述相对误差的最大值在可接受范围，很好地验证了本章所提模型及评价指标的正确性与有效性。

表 3.5　不同工况下的动态索力传递特性

动态索力传递特性指标		t_s/ms	F_{max}/N	κ/%
上限工况	实验值	9.7	8809.81	33.67
	理论值	10.4	8959.29	36.93
下限工况	实验值	9.1	8759.76	41.85
	理论值	10.4	8966.77	43.91

表 3.6　相对误差分析

评价指标 相对误差 工况	t_s	F_{max}	κ
上限工况	6.7%	1.6%	8.8%
下限工况	12.5%	2.3%	4.7%

第 4 章　扰动力的设计和施加策略

4.1　引　　论

在采用索驱动机器人对火星探测器防热大底和背罩的分离进行模拟时,由于防热大底和背罩分离的轴向力远大于其他方向的扰动力,第2~3章将这一复杂的、多自由度的运动按其运动特点拆解开来逐步讨论,先研究轴向的分离,再研究扰动力对分离的影响。其中,第2章以索驱动机器人对背罩轴向分离为背景,研究了绳索静态索力传递的特性;第3章以索驱动机器人对防热大底轴向分离为背景,研究了绳索的高速动态索力传递特性。本章将针对防热大底和背罩在分离过程中所受的扰动力进行分析,而扰动力将涉及复杂的、多自由度的运动,也就是需要多索驱动来完成扰动力的模拟和施加。

为了能够更为真实地模拟防热大底和背罩的分离,扰动力和扰动力矩的准确施加是本章研究的主体。采用绳索来施加扰动力,本质上还是需要采用力施加装置,通常来讲,电机-滚筒机构是最常见的力施加装置。本章涉及较为复杂的扰动力和扰动力矩的同时施加,并考虑轴向的分离力,实验采用的索驱动机器人是一个由多个电机-滚筒机构组成的复杂系统。一旦某一个电机故障,就会对防热大底和背罩造成不可逆的损坏,这是不被允许的。进一步地,本实验涉及的防热大底和背罩的分离时间仅为 0.3 s,这意味着对实验系统的可靠性要求很高。因此,有必要对现有传统索驱动机器人进行改进。本章首次提出了一种新型的扰动力施加机构,其相比传统的电机-滚筒驱动方式更加安全可靠。有关索驱动机器人扰动力的研究不是很多,尤其是针对本书中的扰动力和扰动力矩的优化设计和施加策略等问题,因此,研究扰动力的准确施加对相关技术的发展至关重要。

针对上述的问题,本章将首先设计一种新型的扰动力施加单元,由若干个扰动力施加单元与轴向分离的电机-滚筒驱动机构组成一种新的7索驱动机器人,并推导相应的动力学模型;其次,根据所提出的扰动力施加单元,给出扰动力可控工作空间的定义和扰动力工作空间质量系数的计算方法;再次,对扰动力施加单元的数量和位置的配置进行优化设计;最后,通过仿真计算,探究轴向力、法向扰动力和俯仰方向扰动力矩对末端执行器的位置和姿态的影响,并对所提出的相关理论进行分析。

4.2 节将对扰动力施加单元进行设计,并给出由若干个扰动力施加单元组成的索驱动机器人的动力学模型;4.3 节将给出扰动力可控工作空间的定义,并提出扰动力工作空间质量系数,用于评价末端执行器与扰动力工作空间边缘的接近程度;4.4 节将对扰动力施加单元的数量和位置配置进行优化分析;4.5 节通过仿真分析,探究防热大底分离和背罩分离过程中,扰动力和扰动力矩对末端执行器的位置和姿态的影响。

4.2　扰动力施加单元的设计与总体建模

本节将从防热大底和背罩在轨分离过程中扰动力对其的影响进行叙述,引出相应的 7 索驱动机器人的构型,再从扰动力施加单元的设计和索驱动机器人动力学的构建两方面开展相关的研究工作。

4.2.1　防热大底和背罩分离的过程描述

已有学者针对上述问题构建了防热大底与着陆器之间的运动模型,采用数值计算的方法分析了防热大底在分离过程中与着陆器在 3 个方向的相对速度和防热大底的姿态角变化[140]。结果表明在分离信号触发的 0.3 s 内,防热大底沿其中一个法向的偏移很大,沿另一个法向的偏移很小。同时,沿防热大底的俯仰角要明显大于偏航角和滚转角。根据上述文献可知,其中一个法向的扰动力和俯仰方向的扰动力矩对防热大底和背罩的分离造成的影响最大,在这种情况下,如果防热大底和背罩在分离过程中无碰撞,则说明实际分离过程中也无碰撞。同时,如果采用索驱动机器人对空间中的 6 自由度的运动进行模拟,其系统将过于复杂。因此,本书拟采用索驱动机器人仅对法向的扰动力和俯仰方向的扰动力矩进行模拟。

如图 1.2 所示为火星探测器 EDL 过程示意图。其中,防热大底和背罩分离的过程都伴随着不确定的大气扰动,使其可能沿其他方向产生偏移和扭转,严重时,可能会与着陆器发生碰撞。其中,有扰动力情况下的防热大底的分离细节如图 4.1 所示,阴影部分为防热大底分离的不可进入区域。其中图 4.1(a)～图 4.1(c)为防热大底的在轨分离过程。火星探测器舱体在防热大底分离之前的实际受力状态如图 4.1(a) 所示，F_{sr} 为降落伞的拉力，A_{sr} 为沿轴向的空气阻力，N_{sr} 为沿法向的空气阻力。T_{sr} 为俯仰方向的空气阻力矩，G_{sr} 为舱体所受的火星重力，当防热大底分离的信号被触发时，火工品爆炸产生的推力 F_{thrust} 将防热大底推离，此过程为防热大底的短期分离过程，如图 4.1(b) 所示。在短期分离过程中，A_{hr} 表示防热大底所受的轴向的空气阻力，N_{hr} 表示防热大底所受的法向的空气阻力，T_{hr} 表示防热大底所受的俯仰方向的空气阻力矩，G_{hr} 表示防热大底所受的重力。短期分离结束后，防热大底进入长期分离阶段，在大气扰动力和扰动力矩的作用下继续与着陆器分离，如图 4.1(c) 所示。地面模拟实验的重点在于模拟防热大底分离过程的受力状态和运动状态，其相对运动轨迹是更为关注的问题。因此，为了简化实验装置，将采用倒置的布局方案，如图 4.1(d) 所示。其中，着陆器和背罩等部件静止地放置于地面的架车上。相应地，防热大底的短期分离阶段如图 4.1(e) 所示。F 为轴向绳索的拉力，N 和 T 为扰

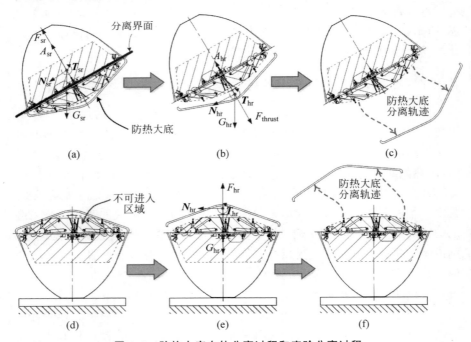

图 4.1　防热大底在轨分离过程和实验分离过程

（a）在轨状态分离前；（b）在轨状态短期分离阶段；（c）在轨状态长期分离阶段；（d）实验状态分离前；（e）实验状态短期分离阶段；（f）实验状态长期分离阶段

动力施加单元牵引绳索产生的扰动力和扰动力矩,G 为防热大底的重力。防热大底的长期分离阶段如图 4.1(f)所示。

　　有扰动力情况下背罩的分离细节如图 4.2 所示,阴影部分为背罩分离的不可进入区域。其中,图 4.2(a)～图 4.2(c)为背罩在轨分离过程。火星探测器舱体在背罩分离之前的实际受力状态如图 4.2(a)所示,当背罩分离的信号被触发时,背罩的分离过程如图 4.2(b)所示。A_{br} 表示着陆器所受的轴向的空气阻力,N_{br} 表示着陆器所受的法向的空气阻力,T_{br} 表示着陆器所受的俯仰方向的空气阻力矩,G_{br} 表示防热大底所受的重力,之后着陆器在空气阻力和空气阻力矩的作用下与背罩分离,如图 4.2(c)所示。由图可知,实际的分离过程是着陆器脱离了背罩,为下一步着陆过程做准备。地面模拟实验的重点在于模拟背罩分离过程的受力状态和运动状态,并观察背罩在分离时是否与着陆器有碰撞,其相对运动轨迹是更为关注的问题。因此,在采用索驱动机器人进行地面模拟时,末端执行器是背罩,而非着陆器,具体的放置方案如图 4.2(d)所示。其中,着陆器静止地放置于架车上。相应地,背罩的分离过程如图 4.2(e)所示。F_b 为轴向绳索的拉力,N_b 和

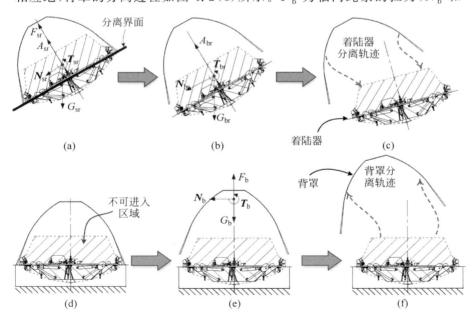

图 4.2　背罩在轨分离过程和实验分离过程

（a）在轨状态分离前；（b）在轨状态短期分离阶段；（c）在轨状态长期分离阶段；（d）实验状态分离前；（e）实验状态短期分离阶段；（f）实验状态长期分离阶段

T_b 分别为扰动力施加单元牵引绳索产生的扰动力和扰动力矩，G_b 为背罩的重力。背罩在模拟实验中的分离过程如图 4.2(f) 所示。

　　根据上述防热大底和背罩分离的放置方案，有扰动力施加单元的 7 索驱动机器人示意如图 4.3 所示。末端执行器为防热大底或背罩，它们在分离之前静止地放置于架车上。轴向的分离采用的是电机-滚筒驱动方式，而扰动力施加单元被用于模拟法向的扰动力和俯仰方向的扰动力矩。轴向的绳索一端 A_a 与滚筒连接，另一端 B_a 与末端执行器连接。扰动力施加单元共有 m 个，分布在末端执行器的两侧。其中，A_i 表示第 i 个扰动力施加单元的出索点，B_i 表示第 i 个扰动力施加单元的绳索与末端执行器的连接点。该索驱动机器人有 3 个自由度，分别为沿 z 轴的轴向位移、沿 y 轴的法向位移和绕 x 轴的俯仰角度。

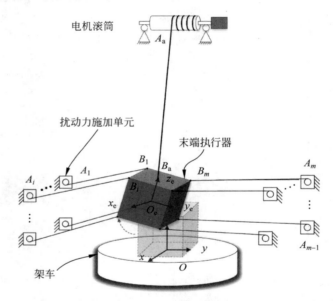

图 4.3　有扰动力施加单元的索驱动机器人示意图

4.2.2　扰动力施加单元的设计

　　扰动力施加单元是用于防热大底和背罩分离的索驱动机器人重要的组成部件。不同于传统的电机-滚筒驱动形式，它是一种无电机驱动的机构。扰动力施加单元的 CAD 模型及三视图如图 4.4 所示。扰动力施加单元的能量来源由电机替换为空气弹簧，空气弹簧在有效行程内能够确保扰动力的正常施加。在此期间,防热大底或背罩在扰动力和扰动力矩的作用下与着陆器分离。在分离结束后,防热大底或背罩还需要一段时间的减速。然而,空气弹簧的行程是有限的,此时的空气弹簧已经被压缩至行程极限。防热大底或背罩在减速阶段的运动会使空气弹簧因超过行程极限而损坏,进而损坏扰动力施加单元。为了防止上述情况发生,在扰动力施加装置中增加了力卸载机构。为了保证绳索在防热大底或背罩在分离过程中一直保持张紧状态,增加了预紧装置。从图 4.4 可知,预紧装置主要由力施加机构、力卸载机构和预紧装置组成。其中,力施加机构的主要部件为空气弹簧,力卸载机构的主要部件为扭矩离合器,预紧装置的主要部件为超越离合器和预紧手柄。

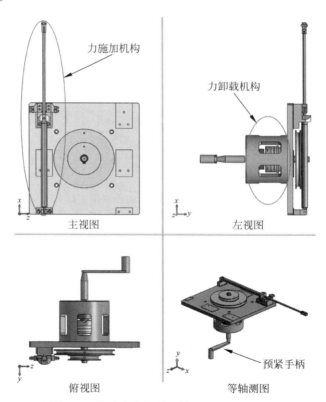

图 4.4 扰动力施加单元的 CAD 模型及视图

扰动力施加单元的细节如图 4.5 所示。图 4.5(a)为扰动力施加单元的主视图,图 4.5(b)为 *U—U* 的局部剖面图。绳索的一端缠绕在绳索缆盘

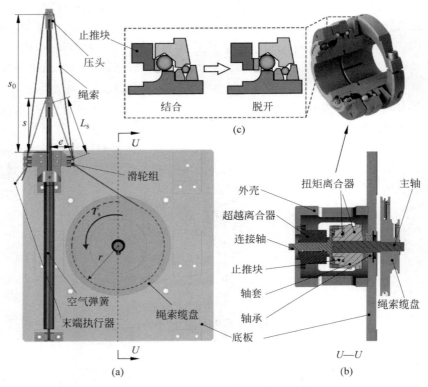

图 4.5　扰动力施加单元的细节示意图

（a）扰动力施加单元主视图；（b）扰动力施加单元剖面图；（c）扭矩离合器工作原理

上，另一端绕过滑轮组和压头最后与末端执行器相连接。滑轮组的设计确保了绳索的出索点不随时间的变化而改变，同时，能够调节出索点的方向。底板与框架连接，外壳固定在底板上，主轴与绳索缆盘通过键连接，扭矩离合器的轴套和主轴相连接。扭矩离合器的止推块与连接轴相连接，连接轴与超越离合器相连接，超越离合器固定在外壳上。连接轴的末端与预紧手柄配合。超越离合器只能沿单方向转动。扭矩离合器的工作原理如图 4.5(c) 所示。止推块和轴套之间存在钢珠，在结合状态下，止推块和轴套之间无相对运动，此时的超越离合器、连接轴、扭矩离合器、主轴和绳索缆盘均为静止状态，无相对运动。当末端执行器在运动时，绳索的长度发生改变，空气弹簧被压缩，绳索的索力逐渐增大，绳索缆盘所受的扭矩逐渐增大。当扭矩值达到扭矩离合器的设定值时，扭矩离合器上的止推块将与轴套分离，如

图 4.5(c)的脱开状态所示。由于扭矩离合器的轴套与主轴相连,此时的绳索缆盘将不受约束地转动,绳索上的力被卸载,索力为零。由于不同型号的空气弹簧的行程和弹力不同,且防热大底分离和背罩分离的实验过程中存在不同的工况,为了使扰动力施加单元灵活适应上述多种因素的变化,绳索缆盘设计了两种不同直径的圆盘。在实际的实验过程中,可根据空气弹簧的行程、弹力,以及不同的工况,结合扭矩离合器的量程范围,选择合适直径的绳索缆盘。

空气弹簧是一种刚度系数极小且初始力非零的弹簧,其空气弹簧力与压缩量的关系曲线如图 4.6 所示。每一个扰动力施加单元上有且只有一个空气弹簧,则第 i 个空气弹簧的弹力 FS_i 表示如下:

$$FS_i = k_i \Delta x + FS_{0i} \tag{4-1}$$

其中,k_i 表示第 i 个空气弹簧的刚度系数,FS_{0i} 表示第 i 个空气弹簧的初始弹力,Δx 为空气弹簧的压缩量,表达式为

$$\Delta x_i = S_{0i} - S_i \tag{4-2}$$

其中,S_{0i} 表示第 i 个空气弹簧的初始长度,S_i 表示第 i 个空气弹簧在某一时刻的长度。若空气弹簧的长度为 S_{0i},则对应的压缩量为零,此时空气弹簧的弹力为 $FS_{i\min}$。反之,若空气弹簧的长度为零,则对应的压缩量达到最大值 $S_{\max}$,此时空气弹簧的弹力为 $FS_{i\max}$。

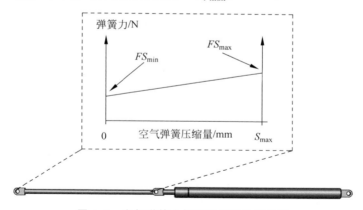

图 4.6　空气弹簧力与压缩量的关系曲线

为了分析扰动力施加单元的绳索索力与绳索长度之间的关系,绳索与滑轮之间的摩擦力不能被忽略。本书采用的处理摩擦力的方法为著名的绞绳方程模型,它描述的是缠绕在滑轮上的绳索两端的力的关系方程,已经被

成功应用在各种绳索滑轮系统的领域[152-156]。该绞绳方程模型能够极大地简化扰动力施加单元的受力分析,同时能够保证计算的准确性。空气弹簧压头的受力如图 4.7 所示。当绳索通过第 j 个滑轮时,相应的摩擦力为 f_i^j,在第 j 个滑轮两边的绳索索力分别为 f_i^{j+} 和 f_i^{j-}。根据绞绳方程模型可得二者的关系:

$$| f_i^{j+} | = | f_i^{j-} | e^{\mu\varphi^j} \tag{4-3}$$

其中,μ 为摩擦系数,φ^j 为滑轮两边的绳索之间的夹角:

$$\varphi^j = \cos^{-1}\left(\frac{f_i^{j+} \cdot f_i^{j-}}{| f_i^{j+} || f_i^{j-} |}\right) \tag{4-4}$$

第 j 个滑轮与第 $j+1$ 个滑轮的绳索索力关系为

$$f_i^{(j+1)-} = f_i^{j+} \tag{4-5}$$

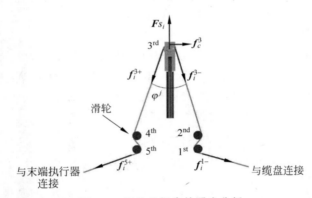

图 4.7   压头处绳索的受力分析

由图 4.6(a)可知,第 i 个扰动力施加单元上的绳索的长度变化量 ΔL_i 为

$$\Delta L_i = 2(\sqrt{s_0^2 + e^2} - \sqrt{s^2 + e^2}) \tag{4-6}$$

其中,

$$\Delta L_i = | l_i | - L_{0i} \tag{4-7}$$

L_{0i} 是第 i 个扰动力施加单元上的绳索的初始长度,即向量 $\boldsymbol{A}_i\boldsymbol{B}_i$ 的模在时间为零时的大小。对空气弹簧的压头进行受力分析,当处于静平衡状态时,

$$\boldsymbol{F}s_i + f_i^{3+} + f_i^{3-} + f_c^3 = \boldsymbol{0} \tag{4-8}$$

因此,

$$| f_i | = | f_i^{5+} | = | f_i^{3+} | e^{\mu(\varphi^4 + \varphi^5)} \tag{4-9}$$

结合式(4-1)～式(4-9),第 i 根绳索的索力可表示为

$$|f_i|=\Gamma(l_i) \tag{4-10}$$

式(4-10)给出了扰动力施加单元出索点处的绳索索力与出索点到末端执行器之间的绳索长度关系,表明了绳索的索力与绳索的长度是耦合的。

扰动力施加单元的实际工作过程如图 4.8 所示。当空气弹簧处于被压缩状态时,绳索缆盘为静止状态,随空气弹簧被逐渐压缩,绳索索力逐渐增大,如图 4.8(a)所示。当空气弹簧快被压缩至行程极限时,绳索缆盘所受的扭矩达到了扭矩离合器的设定值,如图 4.8(b)所示。之后扭矩离合器的止推块与轴套脱开,空气弹簧开始被释放,绳索索力开始被卸载,如图 4.8(c)所示。最后,空气弹簧在弹力的作用下恢复至初始长度,如图 4.8(d)所示。图 4.8(a)和(b)为扰动力有效施加状态,图 4.8(c)和(d)为力卸载状态,此时的末端执行器处于减速阶段。

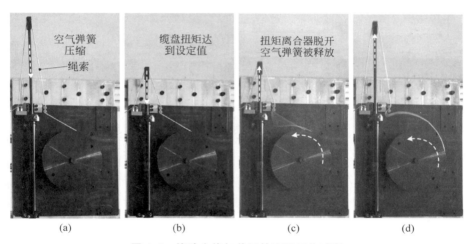

图 4.8　扰动力施加单元的实际工作过程
(a) 开始压缩;(b) 扭矩达到设定值;(c) 开始卸载;(d) 卸载结束

由上述分析可知,本章所设计的扰动力施加单元相比传统的电机-滚筒驱动模式有如下优点:

(1) 在使用扰动力施加单元替代传统的电机-滚筒驱动后,由于该新型机构是纯机械结构,极大地降低了电控系统的复杂性,提升了系统的稳定性;

(2) 为了防止空气弹簧因超过量程而被损坏,扭矩离合器的设计起到了重要的保护作用;

（3）绳索的索力依赖于空气弹簧的压缩，一旦末端执行器有位移，扰动力施加单元的绳索索力就会相应地发生改变，这种被动施加力的特点能够确保每根绳索都无延迟地将力施加到末端执行器上，具备良好的同步性和可靠性。

4.2.3　有扰动力的总体动力学模型

由扰动力施加单元和电机-滚筒共同组成的 7 索驱动机器人与传统的索驱动机器人有不同的动力学特性，本节针对上述新型索驱动机器人进行总体动力学模型的构建。由式（4-10）可知，扰动力施加单元的绳索索力和绳索长度之间是高度耦合的，其受力特点与普通的弹簧类似，为了更清晰地表达本书涉及的索驱动机器人的特征，将图 4.4 的扰动力施加机构更改为如图 4.9 所示的示意图，图中的扰动力施加单元在作用上相当于传统弹簧。

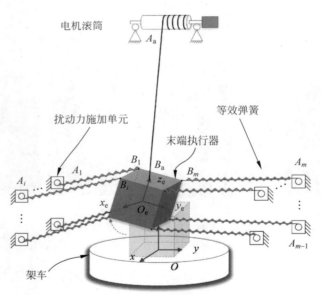

图 4.9　扰动力施加单元等效弹簧简化示意图

由第 2 章索驱动机器人的通用模型可知，第 i 根绳索的长度可表示为

$$l_i = \sqrt{[\boldsymbol{a}_i - \boldsymbol{p} - \boldsymbol{R} \cdot \boldsymbol{b}_i]^{\mathrm{T}} [\boldsymbol{a}_i - \boldsymbol{p} - \boldsymbol{R} \cdot \boldsymbol{b}_i]} \qquad (4\text{-}11)$$

绳索的单位向量为

$$\boldsymbol{u}_i = \frac{\boldsymbol{l}_i}{l_i} = \frac{\boldsymbol{a}_i - \boldsymbol{p} - \boldsymbol{R} \cdot \boldsymbol{b}_i}{\mid \boldsymbol{a}_i - \boldsymbol{p} - \boldsymbol{R} \cdot \boldsymbol{b}_i \mid} \tag{4-12}$$

本章的 7 索驱动机器人为 2 平动 1 转动自由度,相应的旋转矩阵为

$$\boldsymbol{R} = \begin{bmatrix} \cos\alpha & \sin\alpha \\ -\sin\alpha & \cos\alpha \end{bmatrix} \tag{4-13}$$

末端执行器在世界坐标系 O 下的位置为 $\boldsymbol{p} = [y \quad z]^{\mathrm{T}}$,绕 x 轴的转角为 α,则末端执行器在空间中的位姿为

$$\boldsymbol{X} = \begin{bmatrix} \boldsymbol{p} \\ \boldsymbol{\omega} \end{bmatrix} = [y \quad z \quad \alpha]^{\mathrm{T}} \tag{4-14}$$

由于轴向是电机-滚筒驱动,扰动力方向为扰动力施加单元,在以下分析中会将二者区别开来。其中,结构矩阵为

$$\boldsymbol{J}^{\mathrm{T}} = \begin{bmatrix} \boldsymbol{u}_a & \boldsymbol{u}_1 & \cdots & \boldsymbol{u}_m \\ \boldsymbol{b}_a \times \boldsymbol{u}_a & \boldsymbol{b}_1 \times \boldsymbol{u}_1 & \cdots & \boldsymbol{b}_m \times \boldsymbol{u}_m \end{bmatrix} \tag{4-15}$$

上式的第一项为轴向对应的结构矩阵,其余项为扰动力施加单元对应的结构矩阵。根据牛顿欧拉法可知,图 4.9 的末端执行器的动力学模型为

$$\begin{bmatrix} m\boldsymbol{I}_{2\times2} & \boldsymbol{0}_{2\times1} \\ \boldsymbol{0}_{1\times2} & \boldsymbol{I}_x \end{bmatrix} \ddot{\boldsymbol{X}} + \begin{bmatrix} \boldsymbol{0}_{2\times1} \\ \boldsymbol{\omega} \times \boldsymbol{I}_x \boldsymbol{\omega} \end{bmatrix} = \boldsymbol{J}^{\mathrm{T}} \boldsymbol{f}_i + \begin{bmatrix} \boldsymbol{f}_p \\ \boldsymbol{\tau}_p \end{bmatrix} + \begin{bmatrix} m\boldsymbol{g} \\ \boldsymbol{0} \end{bmatrix} \tag{4-16}$$

其中,

$$\ddot{\boldsymbol{X}} = \begin{bmatrix} \ddot{\boldsymbol{p}} \\ \dot{\boldsymbol{\omega}} \end{bmatrix} = [\ddot{y} \quad \ddot{z} \quad \ddot{\alpha}]^{\mathrm{T}} \tag{4-17}$$

其中,$\boldsymbol{I}_x$ 为末端执行器相对于 x_e 轴的转动惯量。式(4-10)表示绳索索力与绳索索长之间的关系,式(4-11)和式(4-12)表示绳索索长和末端执行器位姿之间的关系,联立式(4-10)、式(4-11)和式(4-12)可得绳索索力和末端执行器位姿之间的关系:

$$\boldsymbol{f}_i = \boldsymbol{F}_i(t, \boldsymbol{X}) \tag{4-18}$$

其中,$\boldsymbol{f}_i$ 是关于时间 t 和位姿 $\boldsymbol{X}$ 的函数。

式(4-16)可以重新整理为如下格式:

$$\boldsymbol{U}_a \boldsymbol{F}_a(t) + \boldsymbol{U}_i \boldsymbol{F}_i(t, \boldsymbol{X}) + \boldsymbol{F}_p + \boldsymbol{G} = \boldsymbol{\Phi}(t, \dot{\boldsymbol{X}}, \ddot{\boldsymbol{X}}) \tag{4-19}$$

式(4-19)的第一项为

$$U_a F_a(t) = \begin{bmatrix} u_a \\ b_a \times u_a \end{bmatrix} f_a(t) \tag{4-20}$$

它是轴向的绳索作用于末端执行器上的力和力矩,因为它是电机-滚筒驱动,绳索的索力只是时间的函数,与末端执行器的位姿无关,而式(4-19)的第二项表示扰动力施加单元对末端执行器的力和力矩:

$$U_i F(t, X) = \begin{bmatrix} u_1 & \cdots & u_m \\ b_1 \times u_1 & \cdots & b_m \times u_m \end{bmatrix} \begin{bmatrix} f_1 \\ \vdots \\ f_m \end{bmatrix} \tag{4-21}$$

式(4-19)的第三项和第四项分别表示外力和重力:

$$F_p = \begin{bmatrix} f_p \\ \tau_p \end{bmatrix}, \quad G = \begin{bmatrix} mg \\ 0 \end{bmatrix} \tag{4-22}$$

式(4-19)的最后一项表达式为

$$\Phi(t, \dot{X}, \ddot{X}) = \begin{bmatrix} mI_{2\times2} & 0_{2\times1} \\ 0_{1\times2} & I_x \end{bmatrix} \ddot{X} + \begin{bmatrix} 0_{2\times1} \\ \omega \times I_x \omega \end{bmatrix} \tag{4-23}$$

将变量和常量分开,重新整理(4-19)可得

$$\Xi(t, X, \dot{X}, \ddot{X}) + \Omega = 0 \tag{4-24}$$

其中,

$$\Xi(t, X, \dot{X}, \ddot{X}) = U_0 F_0(t) + UF(t, X) - \Phi(t, \dot{X}, \ddot{X}) \tag{4-25}$$

$$\Omega = F_p + G \tag{4-26}$$

式(4-24)为末端执行器的动力学方程,它是一个关于时间和位姿的二阶隐性常微分方程组,可采用 MATLAB 中的微分求解器进行数值计算。

4.3　扰动力可控工作空间及评价指标

索驱动机器人的索力与该机构的运动性能关系密切,其中,扰动力的有效施加是影响末端执行器位置和姿态的重要因素。本章将根据扰动力施加的有效性给出扰动力工作空间的定义,并针对评价末端执行器是否到达扰动力工作空间的边缘的方法,提出相应的评价指标,该工作对研究防热大底和背罩分离时扰动力的模拟及扰动力的施加策略有重要作用。

4.3.1　扰动力可控工作空间

　　扰动力施加单元的核心部件是空气弹簧,而空气弹簧的行程是有限的。这就意味着一旦空气弹簧的行程达到最大值,作用在末端执行器上的扰动力将会被扭矩离合器卸载,防热大底或背罩的分离实验就会结束。相应地,扰动力施加单元上的绳索长度存在一个最小值和一个最大值,最小值对应空气弹簧行程的初值,最大值对应空气弹簧的最大行程。在这个范围内的扰动力才是有效的力。在索驱动机器人的框架内,所有扰动力施加单元的绳索长度的最小值和最大值在空间中包络出一个区域——扰动力可控的工作空间(disturbing force controllable workspace,DFCW)。由于末端执行器实在 y-z 平面内运动,该索驱动机器人的扰动力可控工作空间如图 4.10 所示。

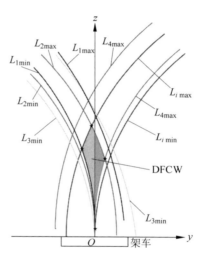

图 4.10　扰动力可控工作空间示意图

　　由图 4.10 可知,$L_{i\min}$ 表示第 i 根扰动力绳索的初始长度,$L_{i\max}$ 表示第 i 根扰动力绳索的最大有效长度。一旦绳索的长度大于 $L_{i\max}$,绳索上的索力将会被扭矩离合器卸载。下面给出扰动力可控工作空间的定义。对于第 i 根扰动绳索:

$$\begin{cases} R_{i\_\text{low}} := \{l_i \in \mathbf{N} : l_i \geqslant L_{i\min}\} \\ R_{i\_\text{high}} := \{l_i \in \mathbf{N} : l_i \leqslant L_{i\max}\} \end{cases} \tag{4-27}$$

则第 i 根绳索的可控区域为上述两个区域的交集：

$$R_i = R_{i\_low} \bigcap R_{i\_high} \tag{4-28}$$

那么索驱动机器人的扰动力可控工作空间为

$$\text{DFCW} = R_1 \bigcap R_2 \bigcap \cdots R_i \bigcap \cdots R_m \quad (i = 1, 2, \cdots, m) \tag{4-29}$$

上述 DFCW 即 m 个扰动力施加单元构成的扰动力可控工作空间,在这个工作空间内,所有施加在末端执行器上的扰动力才是有效的。

4.3.2 工作空间质量系数

4.3.1 节获取了索驱动机器人的扰动力可控工作空间的定义,它能够辨别一个位置是否属于工作空间,这一切都是基于扰动力施加单元的空气弹簧的行程而限定的。在实际的系统中,空气弹簧的弹力与压缩量的关系一定不是如图 4.6 所示的理想情况,空气弹簧弹力一般从零开始,即使有一定的预紧力,在弹簧刚开始被压缩时的弹力也不会很平稳。同时,在空气弹簧的行程达到最大值之前,索力就需要被扭矩离合器所卸载,防止空气弹簧的损坏。换句话说,在实际操作中,需要给空气弹簧预留额外的卸载余量。因此,应当尽量避免实际操作系统中的扰动力工作空间的边界,尤其是空气弹簧行程的最大值所对应的边界。靠近扰动力工作空间边界的末端执行器所受扰动力具有不稳定的可能性,仅仅已知索驱动机器人的扰动力工作空间的大小是远远不够的,还需要知道末端执行器的一个位置在什么时候接近了工作空间的边界。因此,工作空间质量系数(workspace quality coefficient,WQC)的概念被提出,用于衡量末端执行器的位置与扰动力可控工作空间的边界的接近程度。如果其中一根绳索的长度达到了上边界或下边界,就说明末端执行器接近了扰动力可控工作空间的边界。其定义如下:

$$\text{WQC} = \min\{ \min_{1 \leqslant i \leqslant m} (l_i - L_{i\min}),$$

$$\min_{1 \leqslant i \leqslant m} (L_{i\max} - l_i)\} * \frac{2}{\min_{1 \leqslant i \leqslant m} (L_{i\max} - L_{i\min})} \tag{4-30}$$

工作空间质量系数的取值范围是 $[0, 1]$,当该系数的值接近 0 时,说明末端执行器的位置接近了扰动力工作空间的边界;该系数的值越接近 1,说明该位置下的末端执行器所受的扰动力越稳定。如图 4.11 所示为扰动力工作空间及工作空间质量系数示意图,橙色阴影部分为扰动力工作空间,内部的气泡大小及颜色为工作空间质量系数的映射。由图 4.11 可知,末端执行器在扰动力工作空间中心位置处的扰动力更加稳定。

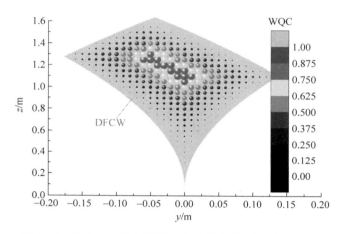

图 4.11　扰动力工作空间及工作空间质量系数(前附彩图)

根据上述分析,给出扰动力工作空间及工作空间质量系数的算法,详细步骤如下。

步骤 1:输入索驱动机器人的设计参数。

步骤 2:将出索点包络的空间划分为具有合理尺度的网格点,每个网格点对应一个末端执行器的位置 p。

步骤 3:输入末端执行器的位置 p。

步骤 4:将位置 p 代入式(4-11),求得每根绳索的索长。

步骤 5:结合式(4-27)~式(4-29),判断是否满足扰动力工作空间的条件,如果不满足,则返回步骤 3,重新选择一个新的位置 p;如果满足,则执行下一步。

步骤 6:位置 p 属于扰动力工作空间,执行下一步。

步骤 7:将绳索的索长代入式(4-30),计算工作空间质量系数 WQC。

步骤 8:重复步骤 3~步骤 7,直至所有网格点计算完毕。

上述计算流程图如图 4.12 所示。

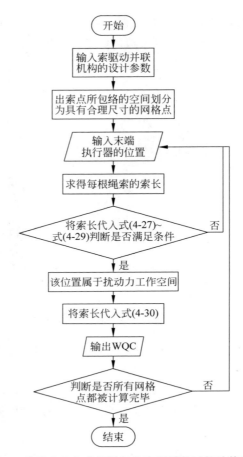

图 4.12　扰动力工作空间及工作空间质量系数计算流程图

4.4　扰动力施加单元的配置分析

　　扰动力施加单元的数量和位置布局对索驱动机器人有十分重要的影响,它决定着机器人能否准确地模拟防热大底和背罩的分离过程。本节将依据扰动力可控工作空间和工作空间质量系数对机器人扰动力施加单元的数量和位置布局进行分析,并给出最优的扰动力施加策略。

4.4.1　扰动力施加单元的数量配置

　　本章仅对火星探测器的防热大底和背罩分离过程中的轴向、法向和俯仰方向进行模拟。其中,轴向采用电机-滚筒驱动模式,若干个扰动力施加单元用于实现末端执行器法向的扰动力和俯仰方向的扰动力矩。那么,最佳扰动力施加单元的数量是一个值得关注的问题。理论上讲,扰动力施加单元的数量可以很多。然而,过多的扰动力施加单元会使实验系统过于复杂。因此,在不影响模拟防热大底和背罩分离过程的前提下,尽可能少的扰动力施加单元将有利于实验的顺利实施。通常来讲,一个法向的扰动力至少需要一个扰动力施加单元,一个俯仰方向的扰动力矩至少需要两个扰动力施加单元。其配置方案如图 4.13(a)所示,即单根索配置方案。然而,由于实际的末端执行器为防热大底或背罩,它们在 x 方向的尺寸足够大,防热大底或背罩在 y-z 平面运动的过程中,在 x 方向的任意轻微偏移都会使各绳索索力的交点与末端执行器的质心不重合。且因为末端执行器的质量较大,如果采用单根索配置方案,则会产生绕 y 轴的翻转扭矩 $\boldsymbol{T}_y$,造成末端执行器在实验过程中的倾覆,这是我们不希望看到的。关于上述问题,许多学者也开展过相关的探讨。其中,清华大学的孟齐志[157]提到,对于 4 自由度的刚性并联机器人来说,采用平行支链相比单根支链能够显著提高机器人的刚度和运动学性能。Sun[158] 和 Izard[159] 则分析了索驱动并联机器人中双平行索与单根绳索的区别,指出平行绳索的设计能够维持动平台的稳定性,避免了动平台意外翻转可能性的增加。因此,在末端执行器两侧配置双平行绳索,如图 4.13(b)所示,将是一个更好的扰动力施加单元的数量配置解决方案。同时,双平行索的配置在理论上等同于单根索配置,同样能够实现一个法向的扰动力和一个俯仰方向的扰动力矩。

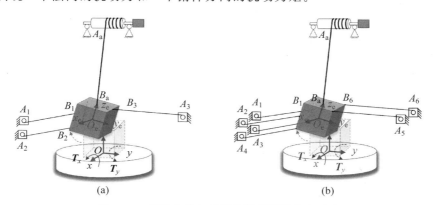

(a)　　　　　　　　　　　　　　(b)

图 4.13　扰动力施加单元的数量配置方案对比

(a) 单根绳索配置;(b) 双平行索配置

　　在该方案中,电机-滚筒驱动模式提供轴向的分离,6 个扰动力施加单元提供法向的扰动力和俯仰方向的扰动力矩。需要注意的是,当采用双平行索配置方案时,该平行绳索对应的两个扰动力施加单元必须完全相同,即空气弹簧的型号必须完全相同,否则将会产生翻转扭矩,使双平行索的配置失去意义。其中,♯1 和♯2 扰动力施加单元提供法向的扰动力,♯3、♯4、♯5 和♯6 扰动力施加单元提供俯仰方向的扰动力矩。

4.4.2　扰动力施加单元的位置布局设计

　　上述分析确定了采用索驱动机器人对防热大底和背罩的分离过程进行模拟的扰动力施加单元的数量,即 2 个扰动力施加单元提供法向的扰动力,4 个扰动力施加单元提供俯仰方向的扰动力矩。然而,扰动力施加机构的位置布局决定了扰动力和扰动力矩的方向,对防热大底和背罩的分离实验起到了决定性作用。因此,研究扰动力施加单元的位置布局具有重要意义。基于上述确定数量的扰动力施加单元,有以下 4 种组合类型:

　　ⅰ. y 轴负方向的扰动力和 x 轴负方向的扰动力矩;

　　ⅱ. y 轴负方向的扰动力和 x 轴正方向的扰动力矩;

　　ⅲ. y 轴正方向的扰动力和 x 轴正方向的扰动力矩;

　　ⅳ. y 轴正方向的扰动力和 x 轴负方向的扰动力矩。

　　本书的 7 索驱动机器人的末端执行器为防热大底或背罩,为了清晰地表述扰动力施加单元的位置布局对末端执行器的影响,本节以以末端执行器为背罩的情况为例进行如下分析。其中,ⅰ型的位置布局分析如图 4.14所示。图 4.14(a)表示 ⅰ 型的位置布局的示意图。位于架车上由虚线表示的背罩为背罩分离的初始时刻,橙色圆台为不可进入区域,该区域内为着陆器部分,P_{dan} 为背罩与着陆器分离过程中最可能发生碰撞的点,称为“危险点”。图中的局部放大图能够清晰地表明,♯1 和♯2 扰动力施加单元提供沿 y 轴负方向的扰动力,♯3、♯4、♯5 和♯6 扰动力施加单元提供沿 x 轴负方向的扰动力矩。图 4.14(b)表示相应的扰动力工作空间及质量系数。在实验过程中,由于需要法向扰动力所对应的两根绳索的索力保持相同,且需要俯仰方向扰动力矩所对应的 4 根绳索的索力保持相同,在分离的过程中,背罩必然会向沿法向扰动绳索的方向偏移。也就是说,扰动力可控工作空间的有效区域实际上只会出现在以 x-z 平面为分界面的其中一侧。ⅰ型位置布局的扰动力可控工作空间的有效区域为如图 4.14(b)所示的橙色阴影区域。

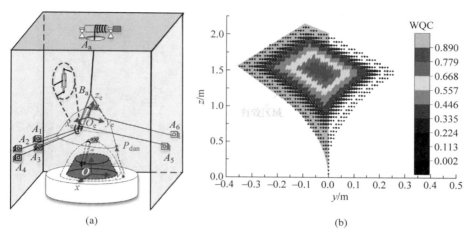

(a)　　　　　　　　　　　　　　　(b)

图 4.14　ⅰ型布局分析（前附彩图）

（a）ⅰ型布局示意图；（b）扰动力可控工作空间及质量系数

　　ⅱ型、ⅲ型和ⅳ型的位置布局分析分别如图 4.15～图 4.17 所示。由于探测器的舱体为对称结构，由图 4.14(b)和图 4.16(b)可知，二者的扰动力可控工作空间是对称的。同理，图 4.15(b)和图 4.17(b)的扰动力可控工作空间也是对称的。在实际的实验操作中，ⅰ型和ⅲ型、ⅱ型和ⅳ型位置布局方案是彼此等效的。因此，只需要分析 ⅰ型和ⅱ型或ⅲ型和ⅳ型的位置布局最优方案即可。本节以 ⅰ型和ⅱ型为对象进行分析。

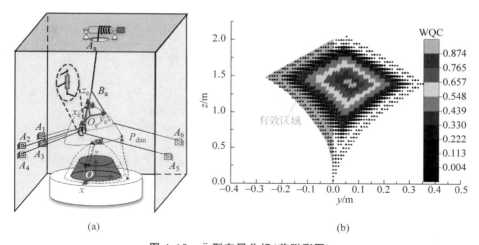

(a)　　　　　　　　　　　　　　　(b)

图 4.15　ⅱ型布局分析（前附彩图）

（a）ⅱ型布局示意图；（b）扰动力可控工作空间及质量系数

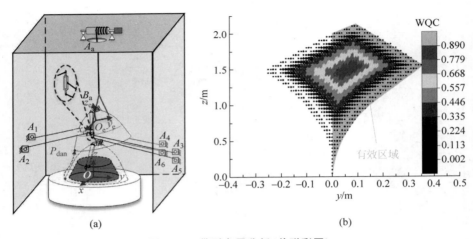

图 4.16　ⅲ型布局分析（前附彩图）

（a）ⅲ型布局示意图；（b）扰动力可控工作空间及质量系数

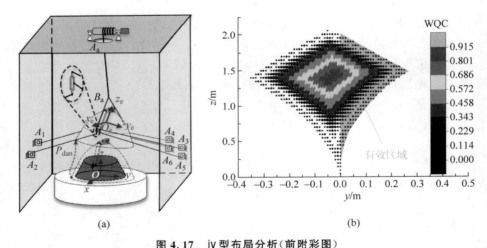

图 4.17　ⅳ型布局分析（前附彩图）

（a）ⅳ型布局示意图；（b）扰动力可控工作空间及质量系数

　　由图 4.14(b)和图 4.15(b)可知，ⅰ型扰动力可控工作空间的有效区域明显大于ⅱ型，这意味着采用ⅰ型布局方案，扰动力施加的效果好于ⅱ型。从图 4.14(a)和图 4.15(a)中危险点的运动轨迹也可知，ⅰ型布局方案具有比ⅱ型布局方案更高的碰撞风险。如果采用更高碰撞风险的ⅰ型布局方案最终没有发生碰撞，则更能够说明分离方案的安全可靠。因此，ⅰ型布局方案将被采用。

4.5　仿 真 分 析

为了深入研究采用 7 索驱动机器人对火星探测器的防热大底和背罩进行分离模拟的过程,探究轴向力、扰动力及扰动力矩对防热大底和背罩在分离过程中所产生的影响。本节采用仿真分析的方法开展相应的研究。

4.5.1　防热大底分离的仿真分析

防热大底分离的示意图见图 1.7(b)。其中,2 个扰动力施加单元提供防热大底分离过程中法向的扰动力,4 个扰动力施加单元共同作用,提供防热大底分离过程中俯仰方向的扰动力矩。

为了探究不同轴向索力对防热大底分离的影响,扰动力和扰动力矩所对应的空气弹簧的参数将保持不变。图 4.18 为不同轴向绳索索力对防热大底分离过程中危险点的影响曲线,假设法向和俯仰方向的扰动力施加单元所安装的空气弹簧的初始弹力均为 1000 N。由图可知,危险点的轨迹与防热大底的不可进入区域无交集,且轴向分离力越大,危险点的轨迹离防热大底的不可进入区域越远,防热大底分离越安全。

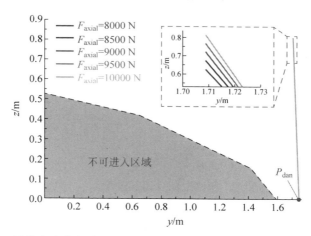

图 4.18　防热大底分离过程中危险点轨迹随轴向力的变化曲线（前附彩图）

为了探究不同扰动力对防热大底分离的影响,保持轴向索力 8000 N 不变,且保持扰动力矩所对应的空气弹簧的参数不变。图 4.19 为不同扰动力对防热大底分离过程中危险点的影响曲线,假设俯仰方向的扰动力施加单元所安装的空气弹簧的初始弹力均为 1000 N。由图可知,危险点的轨迹与防热大底的不可进入区域无交集,且法向扰动力越小,危险点的轨迹离防热大底的不可进入区域越远,防热大底分离越安全。

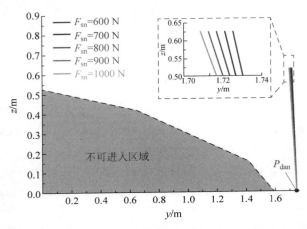

图 4.19　防热大底分离过程中危险点轨迹随法向扰动力的变化曲线(前附彩图)

　　为了探究不同扰动力矩对防热大底分离的影响,保持轴向索力 8000 N 不变,且保持扰动力所对应的空气弹簧的参数不变。图 4.20 为不同扰动力矩对防热大底分离过程中危险点的影响曲线,假设法向扰动力施加单元所

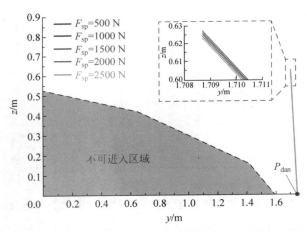

图 4.20　防热大底分离过程中危险点轨迹随俯仰方向扰动力矩的变化曲线(前附彩图)

安装的空气弹簧的初始弹力均为 1000 N。由图可知,危险点的轨迹与防热大底的不可进入区域无交集,且俯仰方向扰动力矩越小,危险点的轨迹离防热大底的不可进入区域越远,防热大底分离越安全。

上述仿真分析表明,扰动力和扰动力矩越小越利于防热大底与着陆器分离。通过危险点轨迹的增量表明,俯仰方向的扰动力矩对防热大底分离的影响是最小的。

4.5.2 背罩分离的仿真分析

背罩分离的示意图见图 1.7(a)。其中,2 个扰动力施加单元提供背罩分离过程中法向的扰动力,4 个扰动力施加单元共同作用,提供背罩分离过程中俯仰方向的扰动力矩。

为了探究不同轴向索力对背罩分离的影响,扰动力和扰动力矩所对应的空气弹簧的参数将保持不变。图 4.21 为不同轴向绳索索力对背罩分离过程中危险点的影响曲线,假设法向和俯仰方向的扰动力施加单元所安装的空气弹簧的初始弹力均为 1000 N。由图可知,危险点的轨迹与背罩的不可进入区域无交集,且轴向分离力越大,危险点的轨迹离背罩的不可进入区域越远,背罩分离越安全。

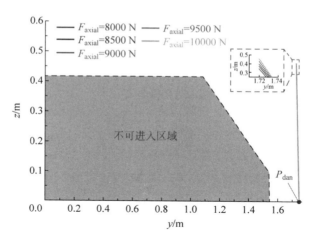

图 4.21 背罩分离过程中危险点轨迹随轴向力的变化曲线(前附彩图)

为了探究不同扰动力对背罩分离的影响,保持轴向索力 8000 N 不变,且保持扰动力矩所对应的空气弹簧的参数不变。图 4.22 为不同扰动力对背罩分离过程中危险点的影响曲线,假设俯仰方向扰动力施加单元所安装的空气弹簧的初始弹力均为 1000 N。由图可知,危险点的轨迹与背罩的不可进入区域无交集,且法向扰动力越小,危险点的轨迹离背罩的不可进入区域越远,背罩分离越安全。

为了探究不同扰动力矩对背罩分离的影响,保持轴向索力 8000 N 不变,且保持扰动力所对应的空气弹簧的参数不变。图 4.23 为不同扰动力矩对背罩分离过程中危险点的影响曲线,假设法向扰动力施加单元所安装的

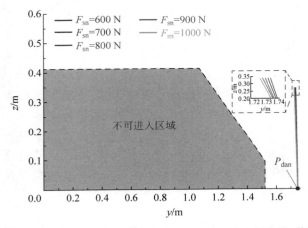

图 4.22 背罩分离过程中危险点轨迹随法向扰动力的变化曲线(前附彩图)

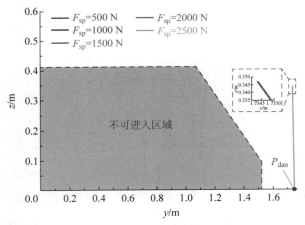

图 4.23 背罩分离过程中危险点轨迹随俯仰方向扰动力矩的变化曲线(前附彩图)

空气弹簧的初始弹力均为 1000 N。由图可知,危险点的轨迹与背罩的不可进入区域无交集,且俯仰方向扰动力矩越小,危险点的轨迹离背罩的不可进入区域越远,背罩分离越安全。

　　上述仿真分析表明,扰动力和扰动力矩越小越利于背罩与着陆器分离。通过危险点轨迹的增量表明,俯仰方向扰动力矩对背罩分离的影响是最小的。

第 5 章　总体实验验证

5.1　引　　论

　　由于采用索驱动机器人模拟火星探测器防热大底分离和背罩分离的过程十分复杂,为了能够深入分析上述过程所面临的科学问题,上文已将这一复杂过程拆解开来,分别研究了背罩轴向分离的静态索力传递问题,防热大底轴向分离的高速动态索力传递问题,防热大底与背罩分离时扰动力和扰动力矩的设计、施加策略等问题。本章将结合上文内容,对索驱动机器人模拟防热大底和背罩的整个分离过程进行仿真分析和必要的实验验证。

　　在进行具体物理实验验证前,首先,采用 ADAMS 对本书涉及的索驱动机器人进行运动学和动力学仿真,并结合 Simulink 完成对整个实验系统的联合仿真,以降低直接进行防热大底分离和背罩分离实验的各种不确定风险,确保实验的顺利完成。其次,采用索驱动机器人对防热大底和背罩的分离过程进行模拟。另外,由于实验过程中涉及非常复杂的参数调试,且实验所需的火工品、真实的防热大底和背罩的成本都十分昂贵,本书先使用与真实的防热大底和背罩有相同质量和惯量属性的模拟件进行实验验证。最后,采用索驱动机器人对真实的防热大底和背罩的分离过程进行模拟,验证之前提出的相关理论模型的正确性和有效性,并对防热大底和背罩分离过程中是否与着陆器碰撞进行判读。

　　5.2 节将采用 ADAMS 和 Simulink 对整个机械系统进行联合仿真;5.3 节将介绍索驱动机器人实验平台的搭建;5.4 节采用索驱动机器人对防热大底和背罩的模拟件和真实件做了相关的实验验证。

5.2　ADAMS 和 Simulink 联合仿真

　　机械系统动力学自动分析(automatic dynamic analysis of mechanical systems,ADAMS)软件,是美国机械动力公司开发的虚拟样机分析软件,能够方便地对虚拟机械系统进行静力学、运动学和动力学分析,有开放性的程序结构和多种接口,是可以为特殊行业用户进行特殊类型虚拟样机分析的二次开发工具平台。它可在计算机环境下构建与实际复杂机械系统等效的虚拟样机系统,在虚拟工作条件下真实地模拟所需的各种运动学和动力学问题,从而减少对真实物理样机的时间和成本,提高工作效率,降低直接进行物理样机实验的风险,缩短机械系统产品的开发成本。

Simulink 是 MATLAB 中的一种可视化仿真工具,能够提供可自定义的模块库和求解器,便于动态系统的建模和仿真,可提供大量的第三方软件接口。在采用索驱动机器人模拟防热大底和背罩分离的实验之前,采用 ADAMS 和 Simulink 进行联合仿真,在虚拟环境下对相关的实验进行仿真验证。

图 5.1 为防热大底分离的 ADAMS 和 Simulink 联合仿真模型。使用三维建模软件 Solidworks 建立物理模型,导入 ADAMS,并添加相应的约束(图 5.1(a))。在 ADAMS 中建立仿真系统的输入输出数据单元,将其作为控制机械系统的输入输出信号。图 5.1(b)为 Simulink 仿真模型。其中,轴向力由 Simulink 中的电机模块提供,法向的扰动力和俯仰方向的扰动力矩由第 4 章的扰动力施加装置的数学模型提供。系统的输入、输出接口作为 ADAMS 和 Simulink 的交互通道,动画模式选择交互式即可调用 ADAMS 中的模型进行同步动画显示。由上文可知,防热大底在分离过程中会受到不同程度的风扰,风扰的上下边界及均值分别代表了分离过程中的上限工况、下限工况和标称工况。不同工况下,防热大底的分离过程如图 5.2 所示。同理,图 5.3 为背罩分离的 ADAMS 和 Simulink 联合仿真模

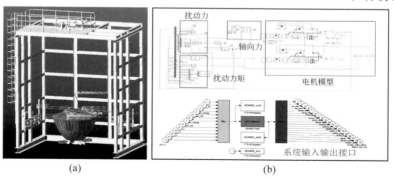

(a)　　　　　　　　　　　　(b)

图 5.1　防热大底分离的 ADAMS 和 Simulink 联合仿真模型

(a) ADAMS 仿真模型；(b) Simulink 仿真模型

型。图 5.4 为不同工况下背罩的分离过程。本节所采用的 ADAMS 和 Simulink 联合仿真分析将作为防热大底和背罩分离实验的一种辅助方法，规避直接进行防热大底分离和背罩分离实验的各种不确定风险，确保实验的顺利完成。

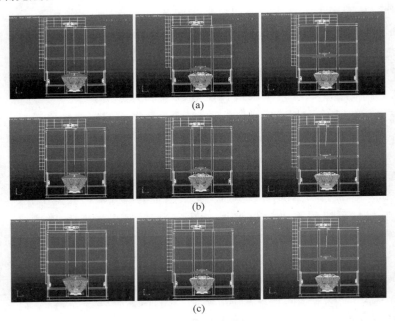

图 5.2　不同工况下防热大底的分离过程

（a）标称工况；（b）上限工况；（c）下限工况

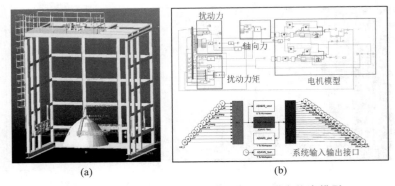

图 5.3　背罩分离的 ADAMS 和 Simulink 联合仿真模型

（a）ADAMS 仿真模型；（b）Simulink 仿真模型

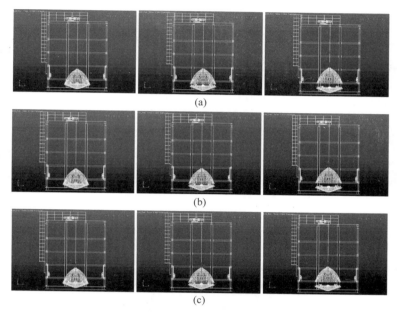

图 5.4 不同工况下背罩的分离过程

（a）标称工况；（b）上限工况；（c）下限工况

5.3 7 索驱动机器人实验设备搭建

基于 7 索驱动机器人的防热大底分离和背罩分离模拟实验平台主要由硬件系统、测量系统和控制系统组成，如图 5.5 所示。其中，防热大底可替换为背罩，进行背罩分离的模拟实验。硬件系统主要有实验框架、架车、防热大底、背罩、吊具、扰动力施加单元、电机-滚筒驱动单元、安全减速网、绳索等；测量系统主要有力传感器、高速摄影相机、惯性测量单元、dSPACE 数据采集模块等；控制系统的核心为 dSAPCE 控制卡及其配套控制单元、基于 dSPACE 的 ControlDesk 控制界面、Simulink 实时控制模块。

实验框架是实验分离加载系统的安装基础，整个系统包括承载框架、加强梁、防护栏、爬梯、操作平台、安全网等，整体结构如图 5.6 所示。承载框架采用型材矩形组装而成，框架内有效空间为 8 m(长)×5.5 m(宽)×10 m(高)。

框架主体由型材搭接而成。使用 ANSYS 分析软件的有限元法来分析，根据整个框架的承载进行计算。框架的材质为 20 钢，其材料特性见表 5.1。轴向电机安装在框架顶端，根据控制系统所提需求，轴向电机安装

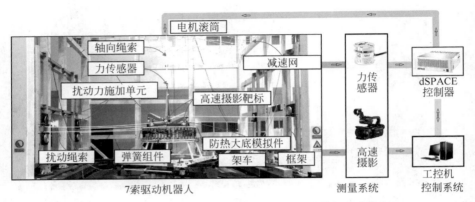

图 5.5　7 索驱动机器人用于防热大底分离的模拟实验设备

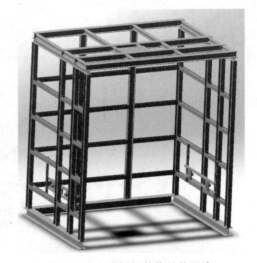

图 5.6　实验框架整体结构示意

处的最大轴向压力为 12 kN；安装处的最大侧向力为 2 kN；轴向拉升系统的总质量为 800 kg。因此，等效的轴向负载为 20 kN，侧向负载为 2 kN，其施加力情况如图 5.7 所示。

表 5.1　实验框架材料属性

属 性 名 称	数　值	单　位
弹性模量	2.1×10^{11}	N/m^2
泊松比	0.28	

续表

属 性 名 称	数　　值	单　　位
抗剪模量	7.9×10^{10}	N/m^2
质量密度	7800	kg/m^3
张力强度	3.9983×10^8	N/m^2
屈服强度	2.20×10^8	N/m^2

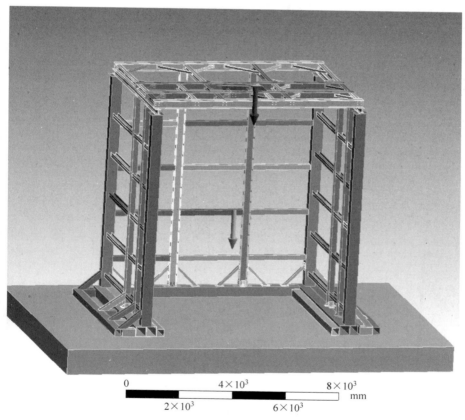

图 5.7　实验框架力学系统

应力分析和变形分析结果如图 5.8 所示。根据分析，最大应力为 22.45 MPa；材料的屈服强度为 220 MPa；安全系数为 220/22.45＝9.8，满足安全系数大于 3 的要求。实际得到的最大变形为 4.457 mm，满足使用要求。通过有限元分析，框架的强度和刚度均满足要求，使用安全。

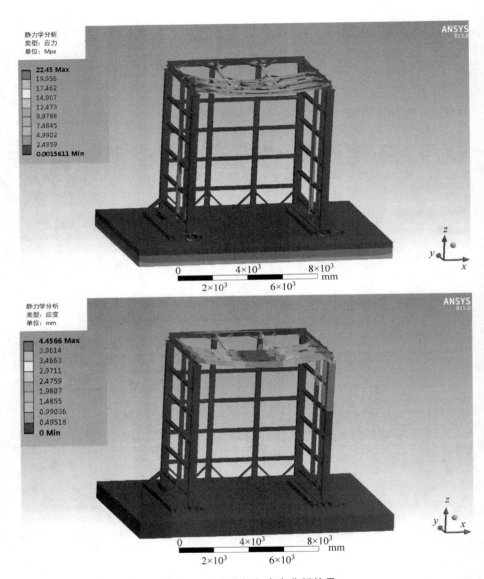

图5.8 应力分析和应变分析结果

(a) 框架应力分析云图；(b) 框架应变分析云图

    图 5.9 为相关的模态分析，前三阶频率分别为：3.554 Hz、5.707 Hz、7.456 Hz。根据电机系统参数表可知，系统伺服电机的工作频率为

150 Hz,桁架系统的固有频率需要避开该频段,一阶固有频率控制在 1~
10 Hz,本框架满足需求。

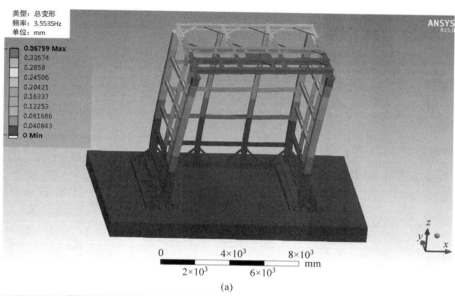

(a)

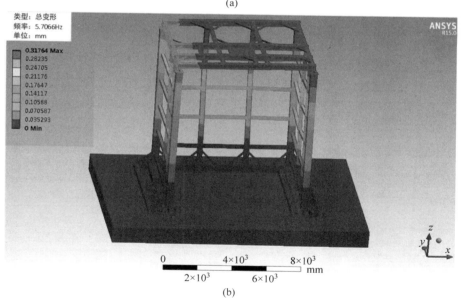

(b)

图 5.9　框架模态分析

(a) 一阶模态(3.554 Hz);(b) 二阶模态(5.707 Hz);(c) 三阶模态(7.456 Hz)

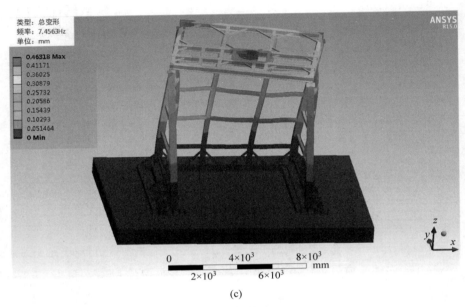

(c)

图 5.9(续)

扰动力施加单元的设计细节已在第 4 章介绍。下面对扰动力施加单元的重要零部件进行介绍。其中,最为核心的是 Stabilus 空气弹簧,本实验涉及的扰动力施加单元的空气弹簧的型号及相关重要参数如表 5.2 所示。针对不同的实验需求,配置不同型号的弹簧并组合即可施加相应的扰动力和扰动力矩。扰动力施加单元的滑轮采用的是 Misumi 的螺柱型滑轮,具备较低的摩擦力和较高的强度,型号为 YSPO12,扭矩离合器的型号为 Mayr (EAS-compact Size 1),超越离合器的型号为 Ringspann(FGR 20 A2A7)。

表 5.2　空气弹簧的型号及重要参数

序号	型号	量程/mm	最小弹力/N	最大弹力/N	刚度系数/N·mm^{-1}
1	6756RS	150	400	520	0.8
2	095109	296	600	840	0.81
3	097306	296	1150	1610	1.55

本实验设备中的高速索驱动机器人的相关重要参数如表 5.3 所示。

表 5.3　索驱动机器人的重要参数

符　　号	物 理 意 义	数　　值
e	滑轮与空气弹簧的距离	20 mm
r_p	滑轮半径	4 mm
d_p	侧边滑轮之间的距离	12.5 mm
μ	滑轮摩擦系数	0.9
h	扰动力矩的力臂	150 mm
D_c	防热大底或背罩的底面直径	3.5 m
r_d	扰动绳索的半径	1.5 mm
r_a	轴向绳索的半径	4 mm
E	绳索的杨氏模量	1.37×10^{11} Pa
ρ	绳索的线密度	0.049 kg/m
L_0	扰动绳索的初始长度	4 m

测量系统中的力传感器分为两种。其中,5 kN 的力传感器用于扰动绳索的拉力测量,20 kN 的力传感器用于轴向绳索的拉力测量,对应的属性如表 5.4 所示。

表 5.4　力传感器属性

型　　号	量　　程	数　　量	位　　置
K-U93-5K00-03-Y	5 kN	6 个	扰动拉力测量
K-U93-20K0-03-Y	20 kN	1 个	轴向拉力测量

力传感器是本实验最重要的测量工具,其精度和测量误差对实验的结果有重要影响,因此有必要对其进行标定。上述两类力传感器在北京东方测量研究所做了相关的标定,其结果分别如表 5.5 和表 5.6 所示。其中,本地区的重力加速度为 9.8066 m/s^2,本次校准的扩展不确定度为 $U_{rel}=0.1\%$。标定测量结果的曲线如图 5.10 和图 5.11 所示,示值相对误差和示值重复性非常小,满足测量使用的要求。

表 5.5　K-U93-20K0-03-Y 的标定结果

标准力/N	测量结果平均值/N	示值相对误差/%	示值重复性/%
1961.32	1972.33	−0.56	0.05
3922.64	3944.33	−0.55	0.03
5883.96	5913.67	−0.50	0.03
7845.28	7876.00	−0.39	0.03
9806.60	9819.33	−0.13	0.02

表 5.6   K-U93-5K00-03-Y 的标定结果

标准力/N	测量结果平均值/N	示值相对误差/%	示值重复性/%
980.66	995.00	−1.44	0.50
1961.32	1988.67	−1.38	0.40
2941.98	2984.33	−1.42	0.27
3922.64	3981.33	−1.47	0.15
4903.30	4980.67	−1.55	0.10

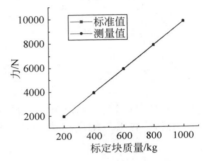

图 5.10   K-U93-20K0-03-Y 的标定测量结果曲线

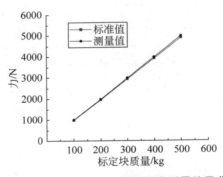

图 5.11   K-U93-5K00-03-Y 的标定测量结果曲线

控制系统的核心部件为工业顶级运动控制器 dSPACE,其主板 DS1007 处理器具有极高的运算能力,主频 2G,双核,控制频率可达 20~50 kHz。其相关参数如表 5.7 所示。

图 5.12 为本实验设备的电气电路及控制柜,图 5.13 为软件控制界面 ControlDesk,图 5.14 为 Simulink 的控制逻辑图,主要控制流程为系统初始化—预紧—准备—分离—减速—参数复位—停止。其中,dSPACE 控制器数据接口连接着传感器和控制卡。

表 5.7　dSPACE 控制器参数

硬 件 功 能	涉 及 板 卡
核心处理器	DS1007
模拟量采集	DS2004
模拟量输出	DS2102
数字量处理	DS4002、PHS-CAB 16
伺服电机控制	DS5202
连接端口	CP2004、CP2102、CP3002、CLP4002、CPDesk
机箱	PX20

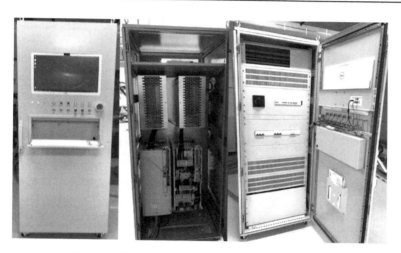

图 5.12　基于 dSPACE 控制卡的电气电路及控制柜

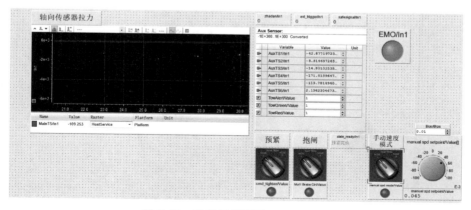

图 5.13　软件控制界面 ControlDesk

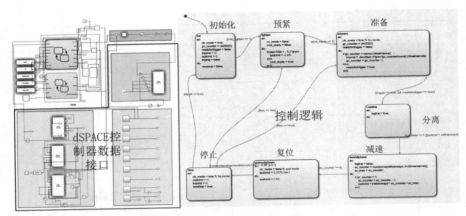

图 5.14　Simulink 的控制逻辑图

5.4　防热大底和背罩分离实验验证

本节将首先采用防热大底和背罩的模拟件进行不同工况的分离模拟实验验证,并用危险点轨迹是否与不可进入区域有交集对分离过程的碰撞进行判读。最后,再以防热大底和背罩的真实件开展相关的分离模拟实验。

5.4.1　防热大底模拟件分离实验验证

防热大底的分离时序如图 5.15 所示。当防热大底收到分离触发信号后,火工品起爆,进入短期分离阶段,防热大底在大约 30 ms 内加速至很高的速度,接着进入长期分离阶段,继续与着陆器进行分离。防热大底分离过程面临不同的工况,对应不同的扰动力和扰动力矩,不同工况下的扰动力施加单元的配置情况如表 5.8 所示。防热大底模拟件的分离过程如图 5.16 所示,给出了防热大底模拟件在 t_0、t_1、t_2 时刻的位姿。

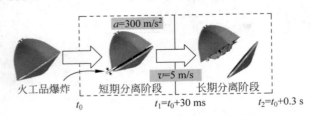

图 5.15　防热大底分离的时序图

表 5.8　不同工况下防热大底分离的空气弹簧配置

工　　况	空气弹簧的型号配置	
	法向	俯仰方向
上限工况	2×②	4×①
标称工况	2×②	4×②
下限工况	2×②	4×③

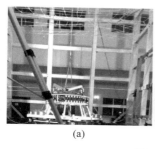 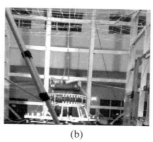 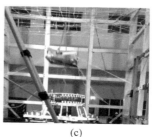

(a)　　　　　　　　　　　(b)　　　　　　　　　　　(c)

图 5.16　防热大底模拟件的分离过程

(a) 分离前；(b) 分离过程中；(c) 分离结束

　　图 5.17～图 5.19 是防热大底模拟件分别在上限工况、标称工况、下限工况的扰动力、质心轨迹和俯仰角度的曲线。对于质心轨迹和俯仰角度,红

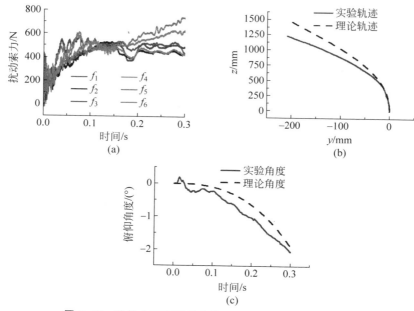

图 5.17　防热大底模拟件上限工况实验数据(前附彩图)

(a) 扰动力；(b) 质心轨迹；(c) 俯仰角度

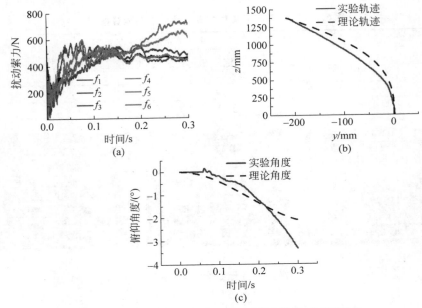

图 5.18　防热大底模拟件标称工况实验数据（前附彩图）

（a）扰动力；（b）质心轨迹；（c）俯仰角度

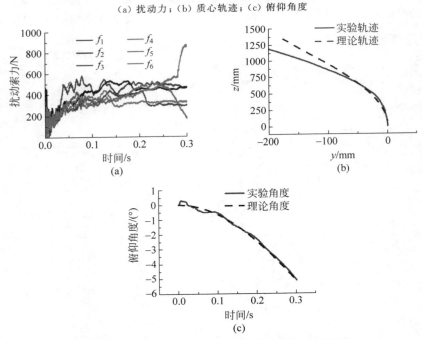

图 5.19　防热大底模拟件下限工况实验数据（前附彩图）

（a）扰动力；（b）质心轨迹；（c）俯仰角度

色曲线为实验值,蓝色虚线为理论值。表 5.9 为防热大底分离的误差分析,其中轨迹误差表示实验的质心轨迹与理论轨迹的距离的平均值,角度误差为实验值的均方根误差。结果表明,实验值与理论值的趋势相吻合,验证了所建理论和动力学模型的准确性和有效性。图 5.20 为不同工况下防热大底模拟件危险点的轨迹对比,由图可知,上限工况所对应的危险点轨迹离防热大底的不可进入区域最远,表明上限工况是最有利于分离的一种工况,同时 3 种工况下的法向扰动力相同,俯仰方向的扰动力矩依次增大,根据不同工况的危险点轨迹的规律变化情况,可得扰动力矩越大,危险点轨迹与防热大底的不可进入区域的距离越近,越不利于防热大底的分离,也进一步验证了之前仿真分析的正确性。

表 5.9　防热大底分离的误差分析

工　　况	上 限 工 况	标 称 工 况	下 限 工 况
轨迹误差/m	0.10	0.038	0.092
角度误差/(°)	0.29	0.37	0.12

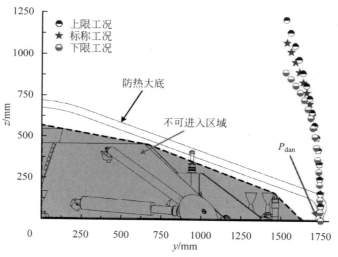

图 5.20　不同工况下防热大底模拟件危险点轨迹对比

5.4.2　背罩分离模拟件实验验证

背罩的分离时序如图 5.21 所示。当背罩收到分离触发信号后,从静止开始与着陆器分离。背罩在分离过程中面临不同的工况,对应不同的扰动力和扰动力矩,不同工况下的扰动力施加单元的配置情况如表 5.10 所示。背罩模拟件的分离过程如图 5.22 所示。

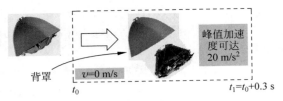

图 5.21 背罩分离的时序图

表 5.10 不同工况下背罩分离的空气弹簧配置

工　　况	空气弹簧的型号配置	
	法向	俯仰方向
上限工况	2×①	4×②
标称工况	2×②	4×③
下限工况	2×③	4×③

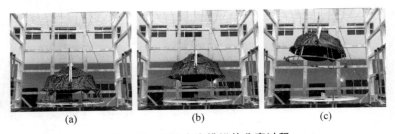

图 5.22 防热大底模拟件分离过程

(a) 分离前;(b) 分离过程中;(c) 分离结束

　　图 5.23～图 5.25 是背罩模拟件分别在上限工况、标称工况、下限工况的扰动力、质心轨迹和俯仰角度的曲线。对于质心轨迹和俯仰角度,红色曲线为实验值,蓝色虚线为理论值。表 5.11 为背罩分离的误差分析,结果表明,实验值与理论值的趋势相吻合,且误差很小,验证了所建理论和动力学模型的准确性和有效性。如图 5.26 所示为不同工况下背罩模拟件危险点轨迹对比,由图可知,上限工况所对应的危险点轨迹离背罩的不可进入区域最远,表明上限工况是最有利于分离的一种工况。同时,标称工况和下限工况相比,俯仰方向扰动力矩相同,标称工况的法向扰动力小于下限工况的法向扰动力,根据危险点轨迹的变化规律可知,法向扰动力越小,危险点轨迹与背罩不可进入区域的距离越近,这也进一步验证了之前仿真分析的正确性。

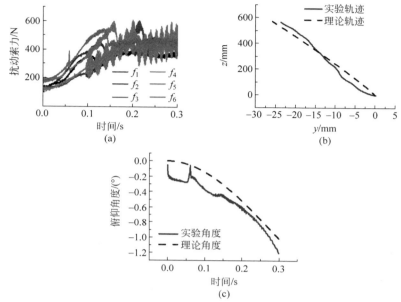

图 5.23　背罩模拟件上限工况实验数据(前附彩图)
(a)扰动力；(b)质心轨迹；(c)俯仰角度

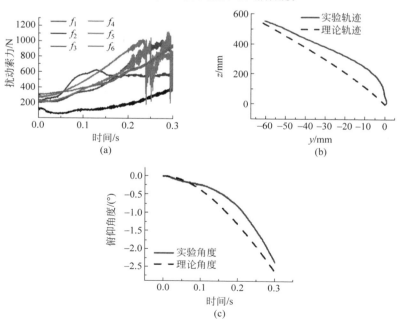

图 5.24　背罩模拟件标称工况实验数据(前附彩图)
(a)扰动力；(b)质心轨迹；(c)俯仰角度

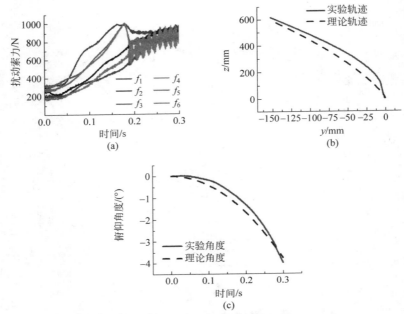

图5.25　背罩模拟件下限工况实验数据（前附彩图）

(a) 扰动力；(b) 质心轨迹；(c) 俯仰角度

表5.11　背罩分离的误差分析

工　况	上　限　工　况	标　称　工　况	下　限　工　况
轨迹误差/m	0.011	0.021	0.032
角度误差/(°)	0.17	0.32	0.25

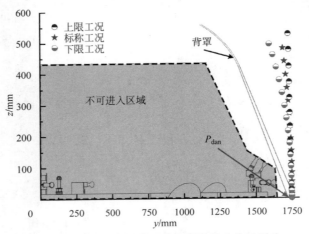

图5.26　不同工况下背罩模拟件危险点轨迹对比

5.4.3 防热大底和背罩真实件的分离实验验证

如表 5.12 所示,防热大底的模拟件与真实件的质量、质心、惯量的最大偏差分别为 1.7 kg、1.4 mm、2.9 kg·m²；背罩的模拟件与真实件的质量、质心、惯量的最大偏差分别为 0.4 kg、1.5 mm、3.6 kg·m²。同样实验参数下,二者具备等效性。

表 5.12 防热大底和背罩的模拟件和真实件的质量属性对比

属　　性	防热大底		背罩	
	模拟件	真实件	模拟件	真实件
质量 M/kg	134.2	132.5	284.4	284.0
质心 x/mm	-0.2	0.2	0.3	0.2
质心 y/mm	-0.8	-0.5	-123.1	-124.6
质心 z/mm	308.4	309.8	926.6	928.1
过质心惯量 I_x/kg·m²	101.1	98.2	361.9	358.3
过质心惯量 I_y/kg·m²	无	150.5	无	354.1
过质心惯量 I_z/kg·m²	无	223.0	无	430.7

采用防热大底和背罩的真实件分别开展了上限工况、标称工况、下限工况的分离模拟实验,轴向力、法向扰动力、俯仰方向扰动力矩均准确施加,实验取得圆满成功。图 5.27 展示了防热大底和背罩的真实件分离实验。

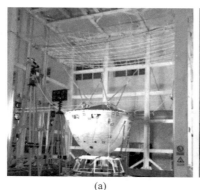 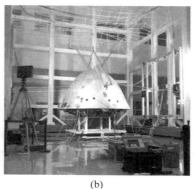

(a) (b)

图 5.27 真实件分离实验

(a) 防热大底分离；(b) 背罩分离

第 6 章　总结与展望

6.1　总　　结

本书以模拟火星探测器防热大底分离和背罩分离为背景,以一种 7 索驱动机器人为研究对象,针对机器人的静态索力传递特性、动态索力传递特性和扰动力设计及施加策略等方面展开了深入研究,并搭建了实验设备对其进行了实验验证。本书的主要结论如下:

(1) 研究了索驱动机器人的静态索力传递特性。以背罩轴向分离为背景,构建了索驱动机器人的通用模型,并推导了相关的运动学和动力学方程。基于有限元法和牛顿运动定律推导了单根绳索的动力学模型,并利用假设模态法,将绳索动力学所对应的偏微分方程转换为更易于求解的常微分方程组,给出了数值计算的表达式。提出了用于评价静态索力传递特性的指标定义,并采用数值仿真方法探索了绳索杨氏模量、绳索线密度、预紧力、绳索长度和负载等因素对静态索力传递的影响规律。结果表明,当选取杨氏模量大、线密度小的绳索,且绳索的长度尽可能短,预紧力在电机额定扭矩范围内尽可能大时,对采用索驱动机构进行背罩的轴向分离更有利。预紧力对静态索力传递的影响结果与仿真分析的结果吻合,得到了适合本实验的预紧力。同时,实验结果验证了所构建的绳索动力学模型的正确性和有效性。

(2) 研究了索驱动机器人的动态索力传递特性。以防热大底轴向分离为背景,将防热大底的分离划分为短期分离阶段和长期分离阶段,并根据提出的绳索动力学模型,推导了相关的边界条件和初值条件,给出了用于评价高速动态索力传递特性的指标定义,采用数值仿真的方法探索了火工品推力、绳索杨氏模量和预紧力等因素对高速动态索力传递的影响规律。结果表明,索力松弛时间随火工品推力的增大而减小,随杨氏模量的增大而减小,随预紧力的增大而增大;火工品推力对索力峰值的影响最大,杨氏模量对索力峰值的影响非常小,而预紧力不影响索力峰值;动态索力平均相对误差随火工品推力的增大而增大,随杨氏模量的增大而减小,基本不受预紧力的影响。

（3）研究了索驱动机器人的扰动力设计及施加策略。以防热大底和背罩分离过程中扰动力的模拟为背景,设计了一种新型的扰动力施加单元,其相较传统的电机-滚筒驱动单元能够极大地降低系统的复杂性,提升系统的可靠性;包含扰动力施加单元的索驱动机器人,能够对防热大底和背罩分离时的扰动力进行模拟,建立了相关动力学模型;给出了扰动力可控工作空间的定义,并提出了工作空间质量系数的评价指标,用于评价末端执行器是否到达了扰动力可控工作空间的边缘,也是扰动力施加稳定性的重要性能指标;对扰动力施加单元的数量和位置布局进行了优化分析,给出了最适合本书开展相关实验的扰动力施加单元的配置;采用数值仿真方法,依据所提出的动力学模型,探究了轴向索力、法向扰动力和俯仰方向扰动力矩对防热大底和背罩分离过程中位置和姿态的影响,并通过危险点的运动轨迹,对其分离过程中是否有碰撞进行了判读。

采用 ADAMS 和 Simulink 联合仿真,对防热大底和背罩的分离进行了计算机仿真,规避了直接进行防热大底分离和背罩分离实验的各种不确定风险;设计与搭建了用于防热大底和背罩分离实验装置的硬件系统、测量系统、软件系统,完成了力传感器的标定,确保了实验测量结果的准确性;借助实际的索驱动机器人,对防热大底和背罩的模拟件和真实件做了相关实验验证。结果表明,质心轨迹、俯仰角度与实验值、理论值的趋势相吻合,验证了所建模型的正确性和有效性。

基于上述研究内容,本书的主要创新点如下:

（1）基于静态索力传递的动力学模型,构建了用于评价静态索力传递特性的指标,揭示了绳索杨氏模量、绳索线密度、预紧力、绳索长度和负载等因素对静态索力传递特性的影响规律,为背罩轴向分离实验的参数选择提供了指导,并有效模拟了航天器背罩的高速分离过程;

（2）根据高速动态索力传递的边界条件和初值条件,给出了索力松弛的处理方法,构建了用于评价高速动态索力传递特性的指标,揭示了火工品推力、杨氏模量和预紧力等因素对动态索力传递特性的影响规律,为防热大底轴向分离实验的参数选择提供了指导,并有效模拟了航天器防热大底的高加速度分离过程;

（3）设计了一种用于航天器分离的扰动力施加单元,构建了扰动力可控工作空间指标,给出了工作空间质量系数的计算方法,用于评价末端执行器到达扰动力可控工作空间边缘的程度,并对扰动力施加单元的数量和位置布局进行了配置设计,提出了一种扰动力施加策略,有效实现了防热大底和背罩分离过程中扰动力和扰动力矩的实时施加。

6.2 展　　望

本书通过静态索力传递特性、动态索力传递特性、扰动力设计及施加策略等方面的研究,解决了采用索驱动机器人对防热大底分离和背罩分离的地面模拟实验的关键技术问题,但是仍然存在需要进一步探索和研究的问题:

(1)地面空气阻力与物体的受力面积和速度密切相关,本书涉及的防热大底和背罩均处于高速运动状态,若能考虑空气阻力对其运动性能的影响,将能够进一步提升所建动力学模型的准确性。

(2)背罩分离过程中绳索的索力在一段时间后会出现有规律的高频震荡现象,但在防热大底分离过程中的绳索索力没有出现这一现象。对此需进一步从理论层面揭示有关静态索力传递过程中的振动机理。

参 考 文 献

［1］ 欧阳自远. 月球探测进展与我国的探月行动（上）［J］. 自然杂志，2005，27（4）：187-190.

［2］ 欧阳自远. 月球探测进展与我国的探月行动（下）［J］. 自然杂志，2005，27（5）：253-257.

［3］ 吴伟仁，刘继忠，唐玉华，等. 中国探月工程［J］. 深空探测学报，2019，6（5）：405-416.

［4］ GISLER M，SORNETTE D. Exuberant innovations：The Apollo program［J］. Society，2009，46（1）：55-68.

［5］ WILFORD J N. We reach the Moon［M］. New York：Norton，1969.

［6］ COLIN L. Basic facts about Venus［M］. Tucson：University of Arizona Press，1983.

［7］ CARR M H. Water on Mars［M］. New York：Oxford University Press，1996.

［8］ JAKOSKY B M，LIN R P，GREBOWSKY J M，et al. The Mars atmosphere and volatile evolution（MAVEN）mission［J］. Space Science Reviews，2015，195（1）：3-48.

［9］ MAIMONE M，CHENG Y，MATTHIES L. Two years of visual odometry on the mars exploration rovers［J］. Journal of Field Robotics，2007，24（3）：169-186.

［10］ KUNINAKA H. Hayabusa and Hayabusa2 asteroid sample return missions and the beyond［C］//Proceedings of the Advances in Optical and Mechanical Technologies for Telescopes and Instrumentation IV，F，International Society for Optics and Photonics，2020.

［11］ FUJIWARA A，KAWAGUCHI J，YEOMANS D，et al. The rubble-pile asteroid Itokawa as observed by Hayabusa［J］. Science，2006，312（5778）：1330-1334.

［12］ WHITEWAY J，KOMGUEM L，DICKINSON C，et al. Mars water-ice clouds and precipitation［J］. Science，2009，325（5936）：68-70.

［13］ PERMINOV V G. The difficult road to Mars：A brief history of Mars exploration in the Soviet Union［M］. Washington，D. C. ：NASA History Office，1999.

［14］ SOFFEN G A. The Viking project［J］. Journal of Geophysical Research，1977，82（28）：3959-3970.

［15］ KLEIN H P，LEDERBERG J，RICH A. Biological experiments：The Viking

Mars lander[J]. Icarus,1972,16(1):139-146.

[16] NACHON M. Calcium sulfate veins characterized by ChemCam/Curiosity at Gale crater, Mars [J]. Journal of Geophysical Research Planets, 2014, 119（9）: 1991-2016.

[17] VAGO J,GARDINI B,KMINEK G,et al. ExoMars-Searching for life on the red planet[J]. Esa Bulletinbulletin Aseeuropean Space Agency, 2006, 126（126）: 16-23.

[18] 彭启航. 中国火星探测器首次公开亮相,计划 2020 年发射[EB/OL]. (2019-10-11)[2024-09-13]. https://www. bjnews. com. cn/detail/157076587315677. html.

[19] 国家航天局. 国家航天局发布天问一号探测器飞行图像[EB/OL]. (2020-10-01)[2024-09-13]. https://cn. chinadaily. com. cn/a/202010/01/WS5f759dd4a3101e7ce9727da0. html.

[20] 新华网. 中国火星探测任务获批准立,2020 年前后发射探测器[EB/OL]. (2016-04-22) [2024-09-13]. http://www. xinhuanet. com//politics/2016-04/22/c_128922276. html.

[21] DAI J,XIA Y. Mars atmospheric entry guidance for reference trajectory tracking [J]. Aerospace Science and Technology,2015,45: 335-345.

[22] KORNFELD R P, PRAKASH R, DEVEREAUX A S, et al. Verification and validation of the Mars Science Laboratory/Curiosity rover entry, descent, and landing system[J]. Journal of Spacecraft and Rockets,2014,51(4): 1251-1269.

[23] LONG J, ZHU S, CUI P, et al. Barrier Lyapunov function based sliding mode control for Mars atmospheric entry trajectory tracking with input saturation constraint[J]. Aerospace Science and Technology,2020,106: 106213.

[24] SPENCER D A,BLANCHARD R C,BRAUN R D,et al. Mars Pathfinder entry, descent,and landing reconstruction[J]. Journal of Spacecraft and Rockets,1999, 36(3): 357-366.

[25] ZHENG Y, CUI H. Optimal nonlinear feedback guidance algorithm for Mars powered descent[J]. Aerospace Science and Technology,2015,45: 359-366.

[26] 武苑. 中国的返回式卫星[J]. 航空知识,2009,(12): 75-77.

[27] 李颐黎. 返回式卫星防热罩的分离动力学问题[J]. 中国空间科学技术,1982, V2(2): 1-6.

[28] 张洪华,梁俊,黄翔宇,等. "嫦娥三号"自主避障软着陆控制技术[J]. 中国科学: 技术科学,2014,44(6): 559-568.

[29] ASLANOV V, LEDKOV A. Analysis of the resonance and ways of its elimination at the descent of spacecrafts in the rarefied atmosphere[J]. Aerospace Science and Technology,2009,13(4): 224-231.

[30] JIANG X,LI S,FURFARO R,et al. High-dimensional uncertainty quantification for Mars atmospheric entry using adaptive generalized polynomial chaos [J].

Aerospace Science and Technology,2020,107: 106240.

[31] YU Z,CUI P,NI M. A polynomial chaos based square-root Kalman filter for Mars entry navigation[J]. Aerospace Science and Technology,2016,51: 192-202.

[32] ZHANG Y,XIAO M,FU H,et al. Robust two-stage rank filter for Mars entry navigation under parameter uncertainties[J]. Aerospace Science and Technology, 2018,80: 78-90.

[33] WOOTEN R, MERZ E. Mars-Voyager systems [C]. Unmanned Spacecraft Meeting,1965.

[34] STEINBERG S,SIEMERS III P M,SLAYMAN R G. Development of the Viking parachute configuration by wind-tunnel investigation[J]. Journal of Spacecraft and Rockets,1974,11(2): 101-107.

[35] MURROW H,ECKSTROM C, HENKE D. Development flight tests of the Viking decelerator system[C]. 4th Aerodynamic Deceleration Systems Conference,1973.

[36] BENDURA R J,LUNDSTROM R R, RENFROE P G, et al. Flight tests of Viking parachute system in three Mach number regimes. 2: Parachute test results [R]. Hampton: NASA LaRC,1974.

[37] MOOG R,BENDURA R,TLMMONS J,et al. Qualification flight tests of the Viking decelerator system[J]. Journal of Spacecraft and Rockets,1974,11(3): 188-195.

[38] RAPER J,LUNDSTROM R,MICHEL F. The Viking parachute qualification test technique[C]. 4th Aerodynamic Deceleration Systems Conference,1973.

[39] CRUZ J,LINGARD J. Aerodynamic decelerators for planetary exploration: Past, present,and future[C]. AIAA Guidance,Navigation,and Control Conference and Exhibit,2006.

[40] BRAUER G,CORNICK D,STEVENSON R. Capabilities and applications of the program to optimize simulated trajectories(POST)[R]. Denver: NASA,1977.

[41] STRIEPE S A, WAY D W, DWYER A M, et al. Mars science laboratory simulations for entry,descent,and landing[J]. Journal of Spacecraft and Rockets, 2006,43(2): 311-323.

[42] BALARAM J, AUSTIN R, BANERJEE P, et al. DSENDS -a high-fidelity dynamics and spacecraft simulator for entry, descent and surface landing; proceedings of the Proceedings, IEEE Aerospace Conference, F, 2002 [C]. Piscataway: IEEE Press,2002.

[43] GRANT J A,GOLOMBEK M P,PARKER T J,et al. Selecting landing sites for the 2003 Mars Exploration Rovers[J]. Planetary and Space Science Reviews, 2004,52(1-3): 11-21.

[44] BLACKBURN M, BUSSER R, NAUMAN A, et al. Mars polar lander fault identification using model-based testing [C]. Proceedings of the 26th Annual

NASA Goddard Software Engineering Workshop, F, 2001. Piscataway: IEEE Press, 2001.

[45]   TARTABINI P V, MUNK M M, POWELL R W. Development and evaluation of an operational aerobraking strategy for Mars Odyssey[J]. Journal of spacecraft and rockets, 2005, 42(3): 423-434.

[46]   RAISZADEH B, DESAI P, MICHELLTREE R. Mars exploration rover heat shield recontact analysis [C]. 21st AIAA Aerodynamic Decelerator Systems Technology Conference and Seminar, 2011.

[47]   PENG C, SMITH K. Mars Pathfinder cruise stage/entry vehicle separation dynamics[C]. Dynamics Specialists Conference, 1996.

[48]   QUEEN E M, PRINCE J L, DESAI P N. Multibody modeling and simulation for Mars Phoenix entry, descent, and landing[J]. Journal of Spacecraft and Rockets, 2011, 48(5): 765-771.

[49]   PINAUD G, BERTRAND J, SOLER J, et al. Exomars mission 2016: A preliminary post-flight performance analysis of the heat shield during entry on Mars atmopshere[C]. AIAA SciTech 2019 Forum, 2019.

[50]   WHITE T R, MAHZARI M, BOSE D, et al. Post-flight analysis of Mars science laboratory's entry aerothermal environment and thermal protection system response[C]. 44th AIAA Thermophysics Conference, 2013.

[51]   中国航天科技集团第五研究. 航天器分离试验方法: GJB 2205A-2011[S]. 北京: 中国人民解放军总装备部, 2011.

[52]   董悫, 郑圣余, 冯伟, 等. 火星探测器分离试验方法研究[J]. 航天器环境工程, 2020, 37(4): 361-368.

[53]   SHEN G, XIA Y, SUN H. A 6 DOF mathematical model of parachute in Mars EDL[J]. Advances in Space Research, 2015, 55(7): 1823-1831.

[54]   黄峰. 基于蒙特卡罗方法的航天器分离可靠性分析[D]. 长沙: 国防科学技术大学, 2016.

[55]   陈东. 火星进入降落伞下降段动力学仿真分析[D]. 哈尔滨: 哈尔滨工业大学, 2016.

[56]   黄亮, 朱文白, 唐晓强. 大射电望远镜巨型柔性并联机构悬索分析及简化[J]. 天文研究与技术, 2013, 10(1): 77-84.

[57]   黄亮, 朱文白, 唐晓强, 等. 大射电望远镜索牵引并联机构索力优化分析[J]. 天文研究与技术, 2010, 7(3): 268-276.

[58]   刘志华, 唐晓强, 王立平, 等. 射电望远镜馈源支撑系统的振动特性[J]. 清华大学学报: 自然科学版, 2013, 53(3): 313-318.

[59]   屈林, 唐晓强, 姚蕊, 等. 40 米口径射电望远镜索支撑系统误差分析与补偿[J]. 高技术通讯, 2010, 20(3): 303-308.

[60]   姚蕊, 唐晓强, 李铁民, 等. 大型射电望远镜馈源定位 3T 索牵引并联机构分析与

设计[J].机械工程学报,2007,(11):105-109.

[61] 姚蕊,唐晓强,汪劲松.射电望远镜馈源支撑系统索力特性研究[J].自然科学进展,2009,19(11):1221-1229.

[62] TANG X,YAO R. Dimensional design on the six-cable driven parallel manipulator of FAST[J]. Journal of Mechanical Design,2011,133(11).

[63] 姜媛,唐梁,陈原.4自由度绳驱动刚柔混合式波浪运动补偿机构的动力学建模[J].中南大学学报:自然科学版,2020,51(7):1767-1780.

[64] 王建峰,王崴,瞿珏,等.虚拟吊装绳索系统设计仿真[J].计算机仿真,2017,34(8):364-368.

[65] 张驰群,叶日新.大型塔器吊装设计应注意的典型工程问题[J].化工设备与管道,2011,48(5):7-9.

[66] 赵江平,孙影.起重机绳索的应用及发展趋势[J].建筑机械,2015,(5):67-71,5.

[67] 张景南.预张拉电梯钢绳伸长特性探讨[J].金属制品,1999,(2):34-38.

[68] 张聚,杨庆华,周国斌,等.高速电梯机械系统振动的分析与计算[J].机电工程,2000,(4):78-82.

[69] 张长友,朱昌明.电梯系统动态固有频率计算方法及减振策略[J].系统仿真学报,2007,(16):3856-3859.

[70] 朱昌明.电梯振动的舒适性评价方法[J].建筑机械化,1988,(6):29-32.

[71] 刘树青,吴洪涛.一种用于风洞的新型柔索驱动并联机构设计[J].南京理工大学学报:自然科学版,2004,(6):601-605.

[72] 姚裕,吴洪涛.3 DOF转动柔索驱动风洞机构正向运动学解析解[J].南京航空航天大学学报,2009,41(2):212-216.

[73] 姚裕,吴洪涛.3 DOF转动柔索驱动风洞机构的力雅可比矩阵[J].南京航空航天大学学报,2011,43(1):75-78.

[74] 郑亚青.绳牵引并联机构若干关键理论问题及其在风洞支撑系统中的应用研究[D].泉州:华侨大学,2004.

[75] WANG X,MA S,LIN Q. Hybrid pose/tension control based on stiffness optimization of cable-driven parallel mechanism in wind tunnel test[C]. Proceedings of the 2016 2nd International Conference on Control,Automation and Robotics(ICCAR),F,2016. Piscataway:IEEE Press,2016.

[76] 贾山.下肢外骨骼的动力学分析与运动规划[D].南京:东南大学,2016.

[77] 桑秀凤.基于绳索驱动的腰部康复并联机器人的设计与研究[D].南京:南京航空航天大学,2014.

[78] 王克义.绳索牵引骨盆运动控制康复机器人研究[D].哈尔滨:哈尔滨工程大学,2009.

[79] 王卫东.基于绳索驱动的并联康复机器人研究[D].南京:南京航空航天大学,2012.

[80] 吴青聪.套索驱动重力平衡上肢康复外骨骼研究[D].南京:东南大学,2016.

[81] 夏昊. 下肢康复机器人的结构设计与性能分析研究[D]. 太原：中北大学, 2019.

[82] 禹润田. 新型绳驱动并联踝关节康复机构设计及分析[D]. 北京：北京交通大学, 2015.

[83] 李龙飞, 朱凌云, 苟向锋. 可穿戴下肢外骨骼康复机器人研究现状与发展趋势[J]. 医疗卫生装备, 2019, 40(12)：89-97.

[84] MAO Y, AGRAWAL S K. Design of a cable-driven arm exoskeleton (CAREX) for neural rehabilitation[J]. IEEE Transactions on Robotics, 2012, 28(4)：922-931.

[85] CHEN Q, ZI B, SUN Z, et al. Design and development of a new cable-driven parallel robot for waist rehabilitation[J]. IEEE/ASME Transactions on Mechatronics, 2019, 24(4)：1497-1507.

[86] MCWILLIAMS B, ROHR L, SANLI E, et al. Learning to prepare hauling systems for rope rescue[J]. International Journal of Training Research, 2019, 17(3)：261-273.

[87] PETER J. Analysis with applied statistics of the safety use of the rope rescue equipment[J]. International journal of occupational safety and ergonomics, 2020, 26(4)：762-771.

[88] 任志明, 邵薇. 水域事故救援技术研究[J]. 消防技术与产品信息, 2018, 31(10)：75-78, 91.

[89] 张禹海, 袁宏蓉. 绳索救援中锚点及锚点系统应用分析[J]. 消防科学与技术, 2017, 36(4)：521-525.

[90] 周栩羿. 消防部队绳索救援技术应用分析[J]. 中国应急救援, 2015, (5)：30-33.

[91] BOSSCHER P, WILLIAMS R L, TUMMINO M. A concept for rapidly-deployable cable robot search and rescue systems[C]. International Design Engineering Technical Conferences and Computers and Information in Engineering Conference, 2005.

[92] NURAHMI L, PRAMUJATI B, CARO S. Dimension synthesis of suspended eight cables-driven parallel robot for search-and-rescue operation[C]. Proceedings of the 2017 International Conference on Advanced Mechatronics, Intelligent Manufacture, and Industrial Automation (ICAMIMIA), F, 2017. Piscataway：IEEE Press, 2017.

[93] 陈强, 董强, 黄科, 等. 低重力模拟试验平台索并联驱动系统张力优化策略[J]. 航天返回与遥感, 2020, 41(6)：66-76.

[94] 刘巍, 张磊, 赵维. 载人低重力模拟技术现状与研究进展[J]. 航天医学与医学工程, 2012, 25(6)：463-468.

[95] 齐乃明, 孙康, 王耀兵, 等. 航天器微低重力模拟及试验技术[J]. 宇航学报, 2020, 41(6)：770-779.

[96] 高海波, 牛福亮, 刘振, 等. 悬吊式微低重力环境模拟技术研究现状与展望[J]. 航空学报, 2020：1-23.

[97] HOU S,TANG X,CAO L,et al. Research on end-force output of 8-cable driven parallel manipulator[J]. International Journal of Automation and Computing, 2020,17(3): 378-389.

[98] CUI Z,TANG X, HOU S,et al. Calculation and analysis of constant stiffness space for redundant cable-driven parallel robots[J]. IEEE Access,2019,7: 75407-75419.

[99] 曹燕飞. 变刚度微创介入手术连续体机器人研究[D]. 南京：南京航空航天大学,2019.

[100] 徐伟. 绳驱动机器人的系统设计及运动控制研究[D]. 南京：南京航空航天大学,2018.

[101] 殷杰,齐飞,鞠峰,等. 介入手术机器人滑轮绳索系统传动特性的研究[J]. 机电工程,2018,35(6): 560-565.

[102] 张超. 绳驱动介入手术导管机器人系统研究[D]. 南京：南京航空航天大学,2017.

[103] HAGHIGHIPANAH M,LI Y,MIYASAKA M,et al. Improving position precision of a servo-controlled elastic cable driven surgical robot using unscented kalman filter[C]. Proceedings of the 2015 IEEE/RSJ international conference on intelligent robots and systems(IROS),F,2015. Piscataway: IEEE Press,2015.

[104] HAGHIGHIPANAH M,MIYASAKA M,LI Y,et al. Unscented Kalman filter and 3D vision to improve cable driven surgical robot joint angle estimation[C]. Proceedings of the 2016 IEEE International Conference on Robotics and Automation(ICRA),F,2016. Piscataway: IEEE Press,2016.

[105] LI H,LIU W,WANG K,et al. A cable-pulley transmission mechanism for surgical robot with backdrivable capability[J]. Robotics and Computer-Integrated Manufacturing,2018,49: 328-334.

[106] XUE R,REN B,YAN Z,et al. A cable-pulley system modeling based position compensation control for a laparoscope surgical robot[J]. Mechanism and Machine Theory,2017,118: 283-299.

[107] 吴博. 基于定量反馈理论的飞行模拟器运动平台控制系统研究[D]. 哈尔滨：哈尔滨工业大学,2007.

[108] 邹宇鹏. 多模式柔索驱动航天员训练机器人控制研究[D]. 哈尔滨：哈尔滨工程大学,2014.

[109] MICHELIN M,BARADAT C,NGUYEN D Q,et al. Simulation and control with XDE and MATLAB/Simulink of a cable-driven parallel robot(cogiro)[M]//Cable-Driven Parallel Robots. Cham: Springer,2015: 71-83.

[110] KANG H,LEE G,KWON S,et al. Flotation simulation in a cable-driven virtual environment-a study with parasailing[C]. 2018 CHI Conference on Human Factors in Computing Systems,2018.

[111] KLJUNO E,WILLIAMS R L. Vehicle simulation system：Controls and virtual-reality-based dynamics simulation［J］. Journal of Intelligent and Robotic Systems,2008,52(1)：79-99.

[112] MIERMEISTER P, LÄCHELE M, BOSS R, et al. The cablerobot simulator large scale motion platform based on cable robot technology［C］. Proceedings of the 2016 IEEE/RSJ International Conference on Intelligent Robots and Systems (IROS),F,2016. Piscataway：IEEE Press,2016.

[113] 彭京启. 弹性杆振动之波动解［J］.太原机械学院学报,1988,9(1)：27-36.

[114] 朱位秋. 弹性杆中的非线性波［J］.固体力学学报,1980,(2)：247-253.

[115] 胡秦,韩爱红. 弹性杆纵波弥散效应数值分析［J］.振动与冲击,2011,30(6)：83-85.

[116] GAN C B,WEI Y M,YANG S X. Longitudinal wave propagation in a rod with variable cross-section［J］. Journal of Sound and Vibration,2014,333(2)：434-445.

[117] 胡伟鹏,韩爱红,邓子辰. 非线性弹性杆中纵波传播过程的数值模拟［J］.计算力学学报,2010,27(1)：8-13.

[118] CARRIER G. The spaghetti problem［J］. The American Mathematical Monthly,1949,56(10P1)：669-672.

[119] ZHU W,NI J. Energetics and stability of translating media with an arbitrarily varying length［J］. Journal of Vibration and Acoustics,2000,122(3)：295-304.

[120] SCHAFFERS W J. The vibration of shaft ropes with time-variable length,treated by means of Riemann's method［J］. Journal of Engineering for Industry,1961,83(1)：68-72.

[121] ZHU W,TEPPO L. Design and analysis of a scaled model of a high-rise,high-speed elevator［J］. Journal of Sound and Vibration,2003,264(3)：707-731.

[122] CHEN Y. On the longitudinal vibration of a moving elevator cable-car system［M］. Baltimore：University of Maryland,2008.

[123] WANG L,CAO G,WANG N,et al. Modeling and dynamic behavior analysis of rope-guided traction system with terminal tension acting on compensating rope［J］. Shock and Vibration,2019,2019(1)：1-24.

[124] 包继虎,张鹏,朱昌明. 变长度提升系统钢丝绳纵向振动特性［J］.振动与冲击,2013,32(15)：173-177.

[125] DIAO X,MA O. Vibration analysis of cable-driven parallel manipulators［J］. Multibody System Dynamics,2009,21(4)：347-360.

[126] BAMDAD M. Analytical dynamic solution of a flexible cable-suspended manipulator［J］. Frontiers of Mechanical Engineering,2013,8(4)：350-359.

[127] KAWAMURA S,KINO H,WON C. High-speed manipulation by using parallel wire-driven robots［J］. Robotica,2000,18(1)：13-21.

[128] ZHANG Z,SHAO Z,WANG L,et al. Optimal design of a high-speed pick-and-

place cable-driven parallel robot[C]. Proceedings of the Cable-Driven Parallel Robots,Cham,F 2018,2018. Berlin: Springer International Publishing,2018.

[129] BEHZADIPOUR S,DEKKER R,KHAJEPOUR A,et al. DeltaBot: A new cable-based ultra high speed robot[Z]. 2003: 533-7. 10. 1115/IMECE2003-41470.

[130] VASSALOS D,HUANG S. Dynamics of small-sagged taut-slack marine cables [J]. Computers and Structures,1996,58(3): 557-562.

[131] QIAO D,YAN J,LIANG H,et al. Analysis on snap load characteristics of mooring line in slack-taut process[J]. Ocean Engineering,2020: 196.

[132] JORDÁN M A,BUSTAMANTE J L. Numerical stability analysis and control of umbilical-ROV systems in one-degree-of-freedom taut-slack condition [J]. Nonlinear Dynamics,2007,49(1-2): 163-191.

[133] 唐友刚,张若瑜,程楠,等.集中质量法计算深海系泊冲击张力[J].天津大学学报,2009,42(8): 695-701.

[134] 张素侠,唐友刚,林维学,等.水下缆绳松弛-张紧过程的冲击张力实验研究[C]. 2008年度海洋工程学术会议,中国海南三亚,2008.

[135] TANG Y G Z S,ZHANG R Y,LIU H X. Development of study on the dynamic characteristics of deep water mooring system[J]. Journal of Marine Science and Application,2007,(3): 17-23.

[136] ZHU W D,REN H,XIAO C. A nonlinear model of a slack cable with bending stiffness and moving ends with application to elevator traveling and compensation cables[J]. Journal of Applied Mechanics,2011,78(4): 041017.

[137] 张越.基于ANCF的柔索动力学建模与自适应计算研究[D].哈尔滨:哈尔滨工业大学,2018.

[138] 张越,魏承,赵阳,等.基于ANCF的松弛绳索动力学建模与仿真[J].航空学报,2017,38(4): 162-170.

[139] PRINCE J L,DESAI P N,QUEEN E M,et al. Mars Phoenix entry,descent,and landing simulation design and modeling analysis[J]. Journal of Spacecraft and Rockets,2011,48(5): 756-764.

[140] 陈正.火星EDL动力学建模与制导控制方法研究[D].哈尔滨:哈尔滨工业大学,2020.

[141] 王伟方.冗余驱动索并联机构矢量力输出特性研究[D].北京:清华大学,2016.

[142] CHELLAL R,CUVILLON L,LAROCHE E. A kinematic vision-based position control of a 6-DoF cable-driven parallel robot[M]//Cable-driven parallel robots. Cham: Springer,2015: 213-225.

[143] POTT A. Cable-driven parallel robots: Theory and application[M]. Berlin: Springer,2018.

[144] HILLER M,FANG S,MIELCZAREK S,et al. Design,analysis and realization of tendon-based parallel manipulators[J]. Mechanism and Machine Theory,

2005,40(4)：429-445.

[145]　ZHANG Y. Longitudinal vibration modeling and control of a flexible transporter system with arbitrarily varying cable lengths［J］. Journal of Vibration and Control,2005,11(3)：431-456.

[146]　MANKALA K K,AGRAWAL S K. Dynamic modeling and simulation of satellite tethered systems［J］. Journal of Vibration & Acoustics,2005,127(2)：144-156.

[147]　GODBOLE H A,CAVERLY R J,FORBES J R. Dynamic modeling and adaptive control of a single degree-of-freedom flexible cable-driven parallel robot［J］. Journal of Dynamic Systems, Measurement, and Control, 2019, 141 (10)：101002.

[148]　HU X,CAO L,LUO Y,et al. A novel methodology for comprehensive modeling of the kinetic behavior of steerable catheters［J］. IEEE/ASME Transactions on Mechatronics,2019,24(4)：1785-1797.

[149]　JUNG J,PIAO J,CHOI E,et al. Investigation on the vibration of high speed cable robot manipulation due to tension around drum［C］. Proceedings of the Information Storage and Processing Systems,F,2019. New York：American Society of Mechanical Engineers,2019.

[150]　王曙光. 控制变量法——研究和解决问题的重要方法［J］. 物理教师,2002, 023(7)：14-15.

[151]　于才军. 三桥车辆主动悬架 NAGA-KFLQG 控制研究［D］. 长春：吉林大学,2018.

[152]　JUNG J H,KANG T J,YOUN J R. Effect of bending rigidity on the capstan equation［J］. Textile Research Journal,2004,74(12)：1085-1096.

[153]　JUNG J H,PAN N,KANG T J. Capstan equation including bending rigidity and non-linear frictional behavior［J］. Mechanism and Machine Theory,2008,43(6)：661-675.

[154]　LIU J,VAZ M A. Constraint ability of superposed woven fabrics wound on capstan［J］. Mechanism and Machine Theory,2016,104：303-312.

[155]　LU Y,FAN D,LIU H,et al. Transmission capability of precise cable drive including bending rigidity［J］. Mechanism and Machine Theory, 2015, 94：132-140.

[156]　STUART I. Capstan equation for strings with rigidity［J］. British Journal of Applied Physics,1961,12(10)：559.

[157]　MENG Q,XIE F,LIU X J. Concept design of novel 2-DOF parallel robots with spatial kinematic chains based on a heuristic strategy［C］. Proceedings of the 2019 IEEE 9th Annual International Conference on CYBER Technology in Automation,Control,and Intelligent Systems(CYBER),F,2019. Piscataway：

IEEE Press,2019.

[158]　SUN H,HOU S, LI Q, et al. Research on the configuration of cable-driven parallel robots for vibration suppression of spatial flexible structures [J]. Aerospace Science and Technology,2020: 106434.

[159]　IZARD J B,GOUTTEFARDE M,MICHELIN M,et al. A reconfigurable robot for cable-driven parallel robotic research and industrial scenario proofing[M]// Cable-driven parallel robots. Cham: Springer,2013: 135-148.

在学期间完成的相关学术成果

学术论文：

[1] **HOU S**, TANG X, SUN H, WANG Y, LI Q. Analysis of cable-force transmission characteristics and disturbing force/moment of high-acceleration cable-driven parallel mechanism[J]. IEEE/ASME Transactions on Mechatronics, 2021, 27(1): 348-359. (SCI 收录, 检索号: WOS: 000756855400035)

[2] **HOU S**, SUN H, LI Q, TANG X. Design and experimental validation of a disturbing force application unit for simulating spacecraft separation[J], Aerospace science and technology, 2021, 113: 106674. (SCI 收录, 检索号: WOS: 000649668900004)

[3] **HOU S**, TANG X, CAO L, CUI Z, SUN H, YAN Y. Research on end-force output of 8-cable driven parallel mechanism[J]. International Journal of Automation and Computing, vol. 17, no. 3, pp. 378-389, 2019. (SCI 收录, 检索号: WOS: 000536413500004)

[4] **HOU S**, TANG X, WANG Y, et al. Research on dynamic characteristics of the high-speed cable force transmission [C]. Proceedings of the ASME 2020 International Mechanical Engineering Congress and Exposition. Volume 7A: Dynamics, Vibration, and Control. Virtual, Online. November 16-19, 2020. V07AT07A036. ASME. (EI 收录, 检索号: Accession number: 20210809973436)

[5] **侯森浩**, 唐晓强, 孙海宁, 崔志伟, 王殿君. 面向航天器分离的高速索力传递特性 [J]. 清华大学学报(自然科学版), 2021, 61(03): 177-182. (EI 收录, 检索号: Accession number: 20211210110169)

[6] SUN H N, **HOU S**, TANG X, et al. Research on the configuration of cable-driven parallel robots for vibration suppression of spatial flexible structures[J]. Aerospace Science and Technology 2021, 109: 106434. (SCI 收录, 检索号: WOS: 000612215800005)

[7] SUN H, **HOU S**, TANG X, et al. Vibration suppression for large-scale flexible structures based on cable-driven parallel robots[J]. Journal of Vibration and Control, Sept. 2020. (SCI 收录, 在线发表 doi: 10.1177/1077546320961948)

[8] CUI Z, TANG X, **HOU S**, et al. Non-iterative geometric method for cable-tension optimization of cable-driven parallel robots with 2 redundant cables[J]. Mechatronics

2019,59：49-60.（SCI 收录,检索号：WOS：000468255500005）

［9］ CUI Z,TANG X,**HOU S**, et al. Research on controllable stiffness of redundant cable-driven parallel robots[J]. IEEE/ASME Transactions on Mechatronics,2018,23(5),2390-2401.（SCI 收录,检索号：WOS：000447942600035）

［10］ SUN H,TANG X,CUI Z,**HOU S**. Dynamic response of spatial flexible structures subjected to controllable force based on cable-driven parallel robots[J]. IEEE/ASME Transactions on Mechatronics 25.6(2020)：2801-2811.（SCI 收录,检索号：WOS：000599503600020）

专利：

［11］ 唐晓强,**侯森浩**,康珊珊,季益中,孙海宁,韦金昊.一种航天器分离试验装置的扰动力施加机构：中国,ZL201911257373.6[P].2021-04-02.

［12］ 唐晓强,季益中,孙海宁,**侯森浩**,崔志伟,田斯慧.一种基于索并联构型的超长尺度柔性结构主动抑振装置：中国,ZL201711078858.X[P].2019-03-21.

［13］ 唐晓强,崔志伟,**侯森浩**,孙海宁,季益中,唐敏学,王禹衡.一种可调刚度索驱动并联装置：中国,CN201810857721.2[P].（中国发明专利申请号）

［14］ 唐晓强,李东兴,**侯森浩**,孙海宁,黎帆,韦金昊,王禹衡.一种用于测试撕裂力的测试装置：中国,CN2020113722533[P].（中国发明专利申请号）

致　　谢

　　转眼间已经在园子里度过了 5 个春秋,很快就要为自己的博士学习生涯画上一个句号。5 年来经历了许多,也成长了许多。在此,对曾经帮助过我的老师、同学和家人表示衷心的感谢。

　　感谢我的导师唐晓强教授。硕士期间,针对我要选修的课程、阅读的书籍和文献,唐老师给出了建设性的意见和指导,引导我在科研道路上紧跟学科发展的新动向,使我逐渐踏入科研的大门,申请了提前攻读博士学位。感谢唐老师给我提供了很好的科研资源和平台,让我有机会参与中国火星探测器着陆过程的验证实验,理论和实践的结合极大提升了我的各项能力。在我心里,唐老师更像是一位知心朋友,当我在生活上遇到困难时,也能够给予我很大帮助。办公室的窗明几净、绿叶花香,也令人倍感惬意。唐老师为人处世的豁达和率真,潜移默化地影响着我。求学期间能够遇到唐老师这样的领路人,是我之幸,再次对唐老师表示感谢。

　　感谢课题组的季益中老师,在我眼里,关于机械方面的问题,没有季老师解决不了的,即使遇到特别棘手的难题,他也总能“妙手回春”。感谢季老师为我的实验设计、制造和搭建所付出的辛劳和汗水。依稀记得做实验时唐老师和季老师为了攻克难题,与我一起度过了许多个凌晨。两位老师对科研孜孜不倦地探索精神,使我备受鼓舞。季老师也保持了长年锻炼身体的习惯,践行着“为祖国健康工作五十年”的清华体育精神,是吾辈之楷模。

　　感谢课题组已经毕业的师兄、师姐:王伟方、曹凌、李煜琦、项程远、田斯慧、崔志伟,以及访问学者刘小光老师。感谢师弟、师妹:孙海宁、韦金昊、黎帆、李东兴、王禹衡、张荣侨的帮助。良好的实验室氛围给我的博士学习生涯留下了许多美好的回忆。感谢航天五院的李群智博士、杨旺、冯伟等对项目的支持和帮助,实验的圆满成功离不开所有人的努力。

　　感谢一直支持我的父母,正是有了你们的鼓励、支持和关心,我才能在读博期间全身心地投入科研。

　　谨以本书作为特殊的礼物,希望你们永远健康、幸福!

侯森浩